传统民居价值与传承

朱良文 著

中国建筑工业出版社

图书在版编目（CIP）数据

传统民居价值与传承/朱良文著. —北京：中国建筑工业出版社，2011.4
ISBN 978-7-112-12959-1

Ⅰ.①传… Ⅱ.①朱… Ⅲ.①民居–研究–中国 Ⅳ.①TU241.5

中国版本图书馆CIP数据核字（2011）第026901号

　　本书是作者数十年研究传统民居的成果选编。全书内容包括传统民居考察与调查研究、传统民居的价值与继承问题探讨、传统民居的保护与发展探索等。本书可供广大建筑师、建筑理论工作者、乡土建筑研究者以及建筑院校师生学习参考。

责任编辑：吴宇江
责任设计：赵明霞
责任校对：关　健　陈晶晶

传统民居价值与传承
朱良文　著
*
中国建筑工业出版社出版、发行（北京西郊百万庄）
各地新华书店、建筑书店经销
北京嘉泰利德公司制版
北京建筑工业印刷厂印刷
*
开本：787×1092毫米　1/16　印张：14　字数：330千字
2011年7月第一版　2020年6月第二次印刷
定价：38.00元
ISBN 978-7-112-12959-1
　　（20195）

序

我认识朱良文教授是在 1960 年秋他从天津大学建筑系毕业后分配来广州华南工学院（现华南理工大学）建筑系任教之时，虽然他当时与我不在同一个教研室，但经常联系、交谈，他对工作的热情、认真和责任感我是知道的。

1975 年初，他为解决夫妻两地分居问题而调到昆明正在筹建中的云南工学院（后合并为昆明理工大学），并先后担任教研室、建筑学系及建工学院的负责人。云南是个少数民族众多的省份，其各民族的传统民居非常丰富，在国内外享有盛名。朱良文老师到云南不久即敏锐地涉足这一领域开展调查研究，并不断地发表研究成果。

我国的传统民居研究，在刘敦桢、刘致平、龙庆忠等老一辈建筑史学家 20 世纪 30 年代开创调查研究之后不久因战事而中断。新中国成立后，20 世纪 60 年代民间曾掀起民居建筑研究热潮。"十年动乱"后，我深感民间传统民居在建筑史领域的重要与单薄，感到一个地区少数人搞能力有限，要大家来研究，于是 1988 年底在华南理工大学筹备和召开了第一届中国民居学术会议，随后在中国文物学会和中国建筑学会下属二级学会的支持下筹建传统民居学术委员会。在筹建中我想到了朱良文教授，他是最适合的志同道合者和筹建参与者，加上他身处云南这块民族民居集中的宝地，又正在进行着传统民居研究，于是第二届中国民居学术会议 1990 年就在昆明召开。

中国传统民居学术委员会成立至今已二十多年，其间举办了 18 届全国性民居学术会议、8 届海峡两岸传统民居会议以及多种类型的小型研讨会。朱良文教授作为该委员会的副主任委员，一直协助我组织和主持会议，他在民居建筑研究领域中，不但是一位组织领导者，而且几乎每次会议都带有论文，是一位勤奋实干的真正的民居研究学术带头人。

纵观朱良文教授几十年来对传统民居的研究，我认为有几点值得推介。

一是立足云南本土，持续地开展民族民居建筑研究。

朱良文教授在几十年的研究中虽然不断地考察全国各地的民居，但一直把自己的重点放在对云南本土传统民居的研究上，这可以从本研究文集的文章中得到证实。这有着客观因素——他所身处的云南本土有着丰厚的民族民居资源，更重要的是他的主观因素——他一直想把云南建筑教育的地域特色、云南民族民居研究、云南本土建筑创作这三者有机地联系起来，这种思想在他任云南工学院建筑学系系主任时的办学过程和他的昆明本土建筑设计研究所的工作成果中可以得到体现。

研究传统民居，只有深入观察研究才能摸清其自身发展规律和内涵，同时，只有长时间持续地跟踪研究，才能发现其保护、传承的状况及其发展的轨迹。朱良文教授在对丽江纳西族民居及西双版纳傣族民居的研究和实践中正是坚持着这条道路，这是非常难得的。

二是面向社会实践，关注现实问题。

这不仅表现在朱良文教授的理论研究中，还表现在他的实践活动中。在理论研究方面，20 世纪 80 年代末，当各地传统民居被大量拆毁时，他认为理论需要回答传统民居有没有价值、有什么价值，于是他开展了传统民居价值与继承问题的研究；21世纪初，当社会出现盲目复古、拆真建假、"保护中的破坏"等现象时，他认为理论需要回答什么是传统的真正价值，于是他再次深入研究丽江古城及其传统民居的真谛与内涵，并以浅显的正误对比图文阐明具体的保护内容及道理；近年来又发现一些城市住宅及新农村建设中优秀传统文化遗失、只重外表"穿衣戴帽"而缺失内涵、不求实效等现象，他认为理论需要回答从传统民居与文化中继承什么，什么是传统民居最根本的价值取向，于是他又在思考研究传统民居的核心价值问题。由此可见，他的理论研究多半不是凭空而论，而正如他常说的是"有感而发"。

此外在研究中，他不仅限于写论著、作理论研究，还积极参与对传统保护的呼吁，新民居的实验研究以及传统民居价值在旅游规划及城镇特色营建中的应用等实践活动。

三是在传统民居价值论的理论研究方面有所拓展。

朱良文教授从1991年起较早地提出了对传统民居价值论的系统研究，这是出于他面对现实中因认识的极度反差而导致传统民居保护艰难，深思其缘由后而自选的命题。前后多年，反复论述传统民居的价值与继承性问题，提出了传统民居的价值分类，分析了云南传统民居的建筑创作价值，阐述了传统民居的经济层次及其价值差异等等，其论点有现实性的创见。尽管有些论点尚需深入探讨也有待时间的检验，但它们对传统民居保护、继承、改造、发展的理论探索有着一定的拓展作用。

四是对云南民居的保护与发展作出了较大的贡献。

20世纪80年代，朱良文教授曾面对丽江古城四方街即将被毁而"紧急呼吁"，上书给云南省和志强省长，并得到省长的批示，从而阻止了对古城"心脏"地段的毁灭性破坏，使古城躲过了一场灾难。90年代，面对西双版纳农村新住宅的严重"异化现象"他曾亲自找到州建设局长，并毅然受命亲自主持艰巨的傣式新民居实验研究，通过多年不断地实验探索，使"新一代的傣式竹楼"得到推广。21世纪初，他又深入丽江古城主持编写图文并茂、正反比较、通俗易懂的《丽江古城传统民居保护维修手册》，分发到民居各户及施工人员手中，把对遗产的保护知识直接交给群众，探索了一种简便有效的保护方法，对当地起到了很好的作用，对省内外各地也产生了较大的影响。此外，他在云南作了不少的旅游规划，也具体应用了传统民居的研究成果。所有这些，说明朱良文教授在传统民居研究中面对社会实践表现出了一种强烈的社会责任感，这是非常难能可贵的。

朱良文教授现将其数十年对于传统民居的研究成果选编成集予以出版，是一件非常有价值和现实意义的事，我完全赞同。它不仅是一个学者个人研究历程的记录，更记载着我国传统民居保护、传承、改造、发展的时代印迹。希望今后有更多这样的文集面世、留传。

特作此序以示祝贺。

陆元鼎

2010年11月1日

华南理工大学建筑学院教授
中国文物学会传统建筑园林委员会传统民居学术委员会主任委员
中国建筑学会建筑史学分会民居专业学术委员会主任委员

自序 | 我对传统民居的接触、研究与认识

这是我的一本有关传统民居研究论文及相关文章的选集，记录着几十年来我对它的感受、心得与一些认识。

一

我开始接触传统民居调查是 1963 年前后在广东，而开始进行传统民居的研究却是 1981 年在云南。

1960 年我从天津大学建筑学专业毕业后分配到华南工学院（现华南理工大学）任教，先在城市规划教研室，1963 年调到刚成立的亚热带建筑研究室，开始接触了广州传统的"竹筒屋"民居及珠江三角洲农村民居的调查与资料整理工作，初步体会到传统民居建筑虽不复杂但却颇有意思，然而不久因"文革"而中断。

1975 年初我调到刚开始筹建的云南工学院（后并入现在的昆明理工大学）工作，开始接触到昆明及云南省内一些地方少数民族的传统民居，深感其丰富多彩，思想有较大触动；在筹建云南工学院建筑学专业过程中，思考着它有可能成为我们云南创办建筑学专业的特色之一。于是，在专业开办之前的 1981 年，我们即带领一批建筑学培训班学生进行民居测绘实习，这也是我及我系对云南民居开展研究工作的开端。然而测绘及研究工作的起点选在何处？在此之前，云南省设计院已在《建筑学报》发表过大理白族民居与西双版纳傣族民居的调查研究成果；我从刘敦桢先生的《中国住宅概说》一书中看到其对云南的丽江民居颇为推崇，但却找不到其他有关丽江建筑的资料，于是决定选择丽江。

1981 年 11 月第一次到丽江，站在狮子山头一看，我惊呆了——丽江还保留有这么完整而美好的一座古城！（怎么刘敦桢先生的《中国住宅概说》中对此古城从未提及呢？后来一想大概是刘先生 20 世纪 30 年代骑着毛驴来丽江时，沿途到处皆是古城。）再到古城内选择民居测绘对象时，更被丽江民居的精彩所打动。由此开始，丽江古城及其传统民居这份宝贵的遗产给我带来了一系列的兴奋与机遇，它无形中把我推上了传统民居的研究道路，并与丽江结下了"不解之缘"。可以说丽江对我以后的研究领域乃至整个事业有着巨大的影响。

二

深入到传统民居的研究之中，才知道它是一个广阔的领域，不同专业、不同学者都可以有自己的研究选择。

从研究领域上讲，有的偏重民族学，有的偏重史学，有的偏重文化，有的偏重美学。我作为一个建筑工作者，当然离不开建筑学，离不开民居的"居"之物质空间。

从研究范围上讲，有的偏重宏观的比较研究，有的偏重微观的实体研究。我这个人比较喜欢搞具体的研究，为此，立足云南既是这块丰盛富饶的传统民居沃土对我的诱惑，又是我从现实出发的自主选择。在这中间，丽江纳西族民居、西双版纳傣族民居及云南的彝族民居是我既很有兴趣、又颇有机遇的研究重点。

从研究方法上说，有的学者喜欢理论研究，有的喜欢应用研究，而我说不上喜欢偏重哪头。我是一个比较喜欢面向社会实践的人，我对传统民居的"理论"研究多半是面对现实的有感而发，并希望它能针对现实中的一些认识问题、应用问题、具体问题起到一点作用，尽管很多时候事与愿违，但我主观上的追求未灭。我也一直认为，一切理论研究的最终目的是为了"用"，传统民居研究同样如此。无论新民居的探索、新建筑的借鉴、旅游景点建设中的文化传承、城市特色营造中的要素提取等等，传统民居研究在其中都有用武之地，对此，我有着浓厚的兴趣并有所参与，尽管有成有败，但都值得一试。

三

"传统民居"从空间上是一个范围广泛的概念，它既指我们日常所见，特别是农村常见的老百姓的传统住居，也指一些深宅大院及特别的居所（如名人故居及历史上的住所遗存等）。

"传统民居"从时间上更是一个发展的概念，它既不是指最原始的住居，也不是指某一特别时段的住居，而是指发展到今天之前所存在的、已形成一定的文化定式与物质形态的较具典型意义的住居。

不过据我看来，"传统民居"的本质与核心应该是指传统的民之居所。居所是住的空间，不是文物（只有极少极少的特例因其特别的历史与文化原因才能被划定为文物）；居所在任何时候都随着时代的发展而不断有所变化的。因此，我认为研究传统民居首先要用发展的观点面对量大面广的民之居所，不要以偏概全地把"传统民居"局限于某些特例（对特例可以具体研究），以免使得研究论点混淆或所指对不上号。

正是基于上述理解，我一直想以"传统民居价值论"的研究来厘清对传统民居的认识。我的基本观点是：不要把传统民居等同于文物；它有价值，但不能以文物的历史、科学、艺术三大价值来衡量，它的价值可以划分为历史价值、文化价值、建筑创作价值这三类，而不同经济层次的民居有着不同的价值，不能一概而论。我对"传统民居"核心价值的概括是："适应、合理、变通、兼融"（环境的适应，居住的合理，发展的变通，文化的兼融）。

然而，传统民居中确有精华需要保护，它包括民居个体，某些村落、古街，某一片区乃至整个古城，不过它们在现实的城镇中只能是少数，范围不宜划得太宽，可以形成"金字塔"形的不同级别。对这些精华应以明确的标准、明确的程序、明确的立法予以评定、确立，并明确各级的具体保护要求，要保护就认真地保护。当前存在的问题是保护的立法不严密或有法不依，保护主体不明确，保护责任不清楚，保护资金无明确来源或资金不到位，保护内容不具体，保护技术措施不规范、不得力等等，造成保护停留在概念上，难以落到实处；一边大讲保护，一边不断破坏，甚至出现"保护中的破坏"。这是我们民居研究工作中值得深思与迫切需要解决的问题。

对于民居的发展，我当然赞成继承传统，然而继承传统不是守旧，更不是一味地搞假古董；要弄清传统的真谛，在发展中继承传统的精华，"不以形作标尺，探求居之本原"。

对传统民居的研究愈是深入，愈感有大量的问题需要认识；愈是面对现实，愈感有大量的问题需要解决。一个人的时间与能力是有限的，我只求自己不断地思考与探索。

作　者

2010 年 10 月 15 日

目　录

· 传统民居考察与调查研究 ·

丽江古城与纳西族民居①

丽江纳西族自治县,位于云南省的西北部,云岭山脉主峰玉龙山的山麓。这里山高谷深、山河交错、峰奇谷秀。在县城所在地的大研镇,至今保留着一座朴素、自然而优美的古城,其中还有许多颇具特色的民居建筑。古城占地约 1.5km²,现有居民 5100 多户,2 万多人。这里聚居着勤劳的纳西族人民。

—

丽江古城始建于宋末元初期间。据《光绪丽江府志稿》记载:南宋理宗淳祐"十二年(1252 年)元祖遣太弟忽必烈攻大理,由临洮踰吐蕃至丽江,所至望风欸附,立丽江茶罕章管民官。""元世祖至元八年(1271 年)改茶罕章为丽江宣慰司","十二年改置丽江路立军民总管府"。到明初古城已具相当规模,据传已有居民千余户。清朝咸丰、同治年间,杜文秀回民起义时古城大部被烧毁,后又不断重建,逐步形成数千户、万余人的规模。

新中国成立后,丽江县城规模不断发展,但由于新区建设避开了古城,因而古城面貌至今犹存,这在全国来说也算是少有的幸存者之一。

丽江古城古朴自然、布局合理、空间和谐、景色秀丽,是一座具有相当研究价值及旅游价值的城镇。古城具有如下一些特色:

(1)地形地势选择恰当、科学合理。

丽江县城坝区海拔 2400m,这里干、湿季分明,季风显著。古城城址选在北依象山、金虹山,西枕狮子山的平坝地段,东、南两面开朗辽阔(图 1-1)。这样,秋冬季节高山挡住了西北寒风,使城镇免受严寒侵袭;春季东风徐来,花木欣荣早苏;夏季南风通畅,驱散城区热气。因此这里虽系高原,却冬无严寒,夏季凉爽,年平均气温为 12.6℃。古城城址的选择充分利用地形地势及自然环境,具有较高的科学性。

(2)规划布局不拘工整、亲切自然。

象山山麓澄碧如玉的玉泉水从古城的西北端悠悠流至镇头玉龙桥下,由此分成西河、中河、东河三股支流,再分为无数股支渠;城内亦有多处龙潭、泉眼出水。古城利用这种有利的自然条件,街道自由布局,不求网格的工整(图 1-2),主街傍河,小巷临渠,清澈的泉水穿街流镇,穿墙过屋,"家家泉水、户户垂杨"的诗情画意是这座古城的真实

---

① 本文是在 1981 年带领一批学生对丽江民居调查、测绘以及后来两次补充调查的基础上写成的,初稿写于 1982 年 9 月,1983 年 2 月修改,发表于《建筑师》17 期(中国建筑工业出版社,1983 年 12 月);它是在丽江尚不太为人所知的时期较早、较全面地介绍丽江古城与丽江纳西族民居的一篇论文。该文后来结合照片与测绘图纸扩充为《丽江纳西族民居》一书(云南科技出版社,1988 年 1 月);后又修改、补充为《丽江古城与纳西族民居》一书重新出版(云南科技出版社,2005 年 6 月)。现按 1983 年发表的原文编入文集。

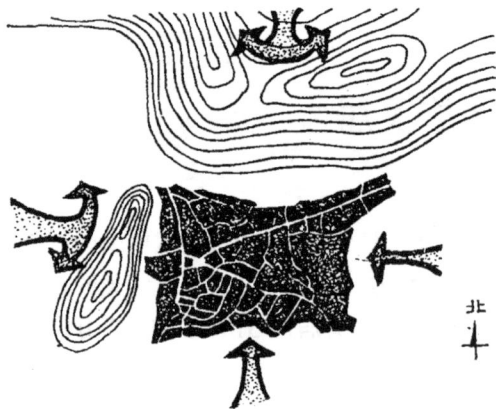

图 1-1　丽江古城地形地势示意

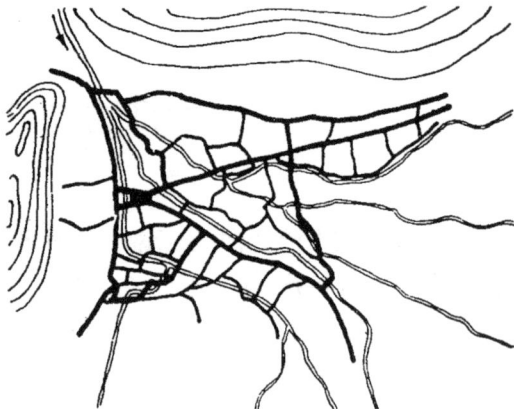

图 1-2　丽江古城河流及街道示意

写照（图 1-3）。这虽是云贵高原的小镇，却颇具江南水乡特色。

（3）街景空间和谐优美、引人入胜。

古城占地不大，但有山有水。鉴于古城结合地形自由布局，道路随着水渠的曲直而布置，房屋就着地势的高低而组合，造成了整个古镇丰富多变的街景空间。

主要街道新华街紧依西河而筑，很有水乡特色（图 1-4）；有的小路随水渠的弯曲而行，空间变化多端（图 1-5）。上山的街道逐级而上，引人入胜（图 1-6）；下坡的小巷居高临下，趣味无穷（图 1-7）。门前即渠，清新优雅（图 1-8）；房后水巷，景色迷人（图 1-9）。跨河筑楼，饶有风趣（图 1-10）；引水入院，别具匠心（图 1-11）。

忠义村 13 号的一组建筑，随渠弯曲布置房屋，平面成锯齿形，外景空间丰富而有韵律（图 1-12）；新华街 87 号的一组建筑，利用坡地就势筑院，院落层层相套，内院空间起伏而有变化（图 1-13）。

古城的中心广场四方街，四周铺面挟持、街巷汇集，是古城集市贸易的中心点，空间适度，风格古朴别致（图 1-14）；古城的交通要处万子桥，桥梁面貌斑驳、古风浓郁，建筑轮廓优美（图 1-15）。

（4）风景名胜典雅秀丽、清新悦目。

黑龙潭的泉水明净碧翠，它与纯洁银白的玉龙雪山相映生辉，风景如画（图 1-16）。

玉泉北畔，福国寺的法云阁系明万历二十九年（1601 年）所建，楼高 20m，三层木构架，重檐攒尖顶，平面十字形，从任一个角度看都可见五个檐角舒展起翘，故俗称"五凤楼"（图 1-17）。此阁造型宏伟而式样玲珑，雕刻精巧，彩画华丽，实为云南省少有，明代徐霞客游丽江亦慕名下榻其中。

玉峰寺的"万朵山茶"，树龄已五百多岁，每年立春初放，立夏花尽，先后数十批，开花两万余朵，茎干盘错，花叶艳丽，被中外人士誉为"山茶之王"、"花中状元"。

狮子山头，古柏参天，郁郁葱葱，系明初栽培，六百多年来虽阅尽人间沧桑，却依然苍劲提拔。立身树下俯视古城，瓦屋鳞次栉比，古城春色尽收眼底（图 1-18）。

（a）主街傍河

（b）小巷临渠

（c）泉水穿街流镇

（d）泉水穿墙过屋

图1-3　街道自由布局形成的景色

图1-4　主街紧依西河而筑

图1-5　小路随水渠弯曲而行

图 1-6 上山街道逐级而上

图 1-7 下坡小巷居高临下

图 1-8 门前即渠

图 1-9 房后水巷

图 1-10 跨河筑楼

图 1-11 引水入院

图 1-12 忠义村 13 号的外景空间（左）

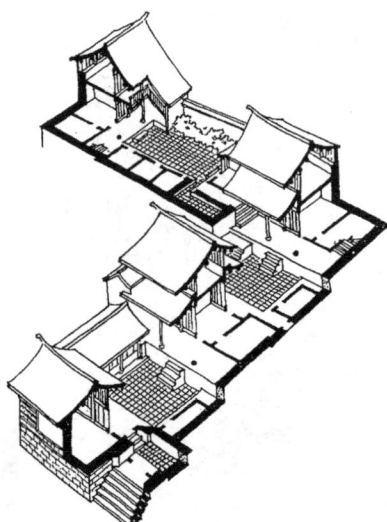

图 1-13 新华街 87 号的内院空间（右）

图 1-14　四方街

图 1-15　万子桥

图 1-16　丽江黑龙潭

图 1-17　法云阁

古城可谓处处入画，比比皆景，经常吸引着一些美术工作者来此写生作画。

这么一座素朴自然、幽雅宁静、和谐优美的古城，至今能被较完整地保存下来，实为难得。

一①

在这座古城中，有着许多颇具特色的民居，类型丰富，造型优美，这就是丽江纳西族民居。

丽江纳西族民居没有包括纳西族民居的所有形式，也并非纳西族民居的原始形式，它是近几百年来根据本地区、本民族特点，吸取、融汇了其他地区及民族的长处而逐步发展起来的。它们在平面布局、构架及造型上反映了唐代中原建筑

图 1-18　狮子山头望古城

---

① 这一部分的若干问题曾得到木庚锡同志（纳西族）指正。

的某些特点，某些平面形式与其近邻的白族民居有若干相似之处，部分装修也受着剑川木雕技艺的影响。然而，丽江纳西族民居长期以来逐步形成了自己的特点：平面特色鲜明，构筑因地制宜，造型朴实生动，装修精美雅致。

丽江纳西族民居的平面类型有下列几种：

三坊一照壁（图1-19 a）——即正房一坊，左右厢房二坊，加一照壁合围成一个三合院。

四合五天井（图1-19 b）——即由正房、下房、左右厢房四坊的房屋组成一个封闭的四合院。除中间一个大天井外，四角还有四个小天井或"漏角"。

上述两种平面都是以一个大天井为中心的基本平面形式。运用这种基本形式又可组合出多种类型的平面：

前后院（图1-19 c）——即在正房的中轴线上分别用前后两个大天井来组织平面。后院为主院，通常用四合五天井平面组成；前院为附院，常为三坊一照壁或两坊与院墙围成的小花园。两院之间可穿通的房叫花厅。

一进两院（图1-19 d）——即在正房主院的左或右侧设另一个附院，形成两条轴线。

除前面四种常见的平面类型外，随着经济条件、地形情况、环境因素等的不同也有少量的两坊拐角（图1-19 e）、四合头（图1-19 f）、多院组合（图1-19 g）、多进套院（图1-19 h）的平面，这些是较为特殊的类型。

综观丽江纳西族民居，它们在平面上具有如下一些特点：

（1）以天井为中心来组织平面。不管何种平面类型，都有一个近似正方的大天井，天井内或置盆景，或种花卉。天井三面或四面布置房屋，除了可穿通的花厅外，每坊通常为一明两暗的三间。在主轴上端的为正房，其地坪及屋顶皆略高于其他坊，多朝东或南；其他坊的厢房或下房大致对称于中轴线。三坊一照壁的平面中与正房相对的一面多为一比较讲究的照壁。

（2）正房多为二层楼房，厢房或下房也多为二层或部分一层。除了可穿通的花厅外，一般楼下皆作居室住人。正房的明间堂屋为客厅，放有案桌等家具，也有放床供老人居住的。楼上的房间在城镇内亦作居室，在农村则多作仓库。正房堂屋的楼上常设有祭供祖神的神龛。

（3）家家都有宽大的厦子（即外廊）。正房必设厦子，宽度1.5~3m，它具有供吃饭、会客、休息、操作副业等多种功能；厢房或下房只要用地许可也多半设厦。正因厦子宽大，房间的进深一般较浅，有的仅3m多。厦子是丽江纳西族民居最重要的组成部分之一。这与丽江的宜人气候及纳西族人民喜爱户外活动的特点分不开，因而把一部分房间的功能如吃饭、会客等搬到了厦子里。

（4）辅助用房放在转角处并作"漏角"。所谓"漏角"即将转角处的偏房进深改浅、房高降低，这样在房前造成一个小天井或是"一线天"，用它作通风或辅助采光之用。一般厨房占用一个漏角。其他转角处或作漏角，用作仓库、书房，少数用作居室；或作小院，用作厕所、饲养、绿化。大门入口亦常占一角小院，院中与大门入口相对的山墙面常做成照壁。

丽江纳西族民居皆为土木结构，用料与外地民居大致相同：石料基础及勒脚，木构架，

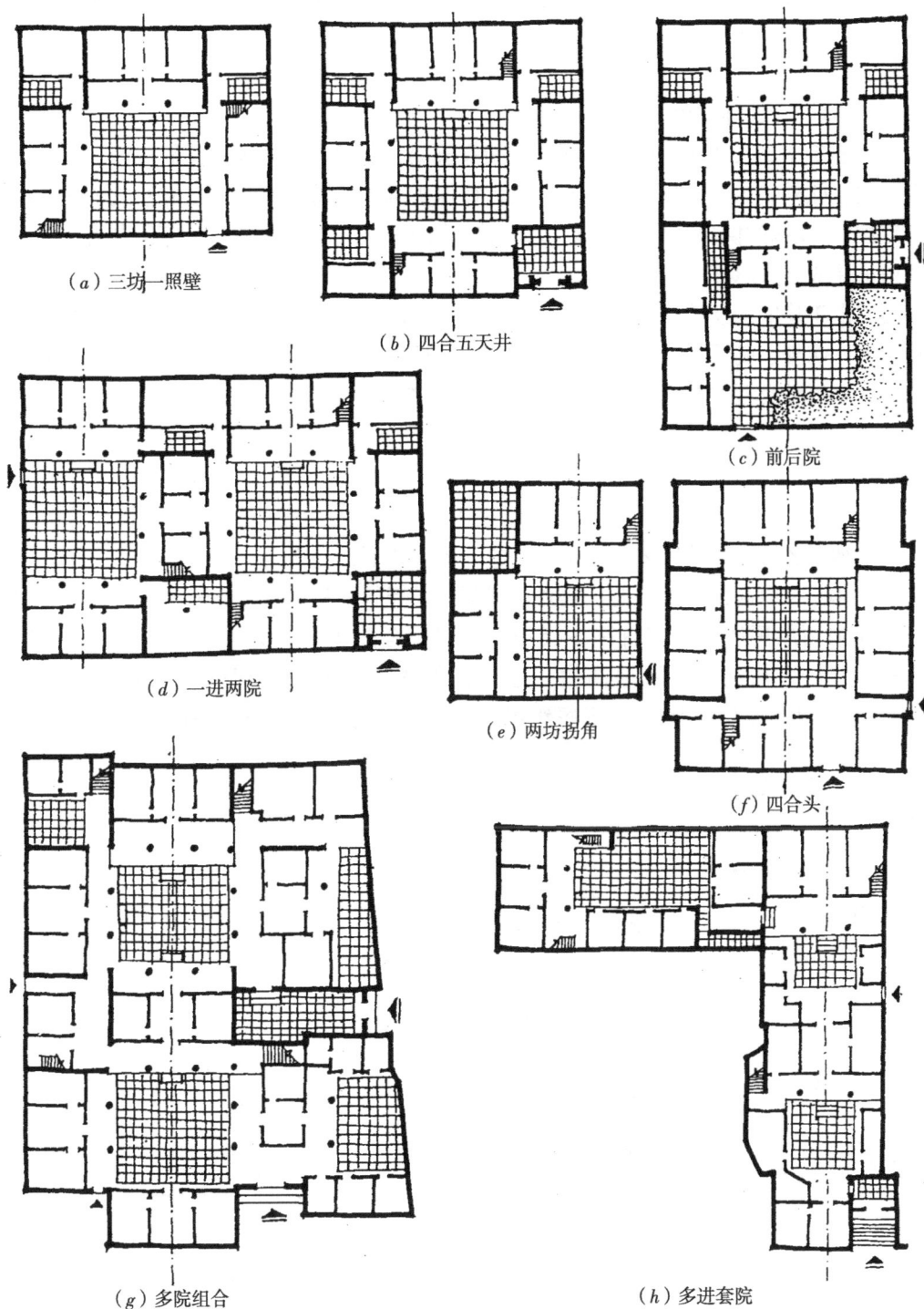

（a）三坊一照壁

（b）四合五天井

（c）前后院

（d）一进两院

（e）两坊拐角

（f）四合头

（g）多院组合

（h）多进套院

图 1-19　丽江纳西族民居平面类型示例

土坯围护墙，木檩木椽盖青瓦的屋顶；室内用木地板、木槅扇，讲究的加木质天花板及在土坯围护墙内面加装木顺墙板。然而，鉴于它多为二层楼房，平面上多有宽大的厦子，厦子部分习惯用重檐覆盖以更好地遮阳、防雨等等，因此，木构架的运用也有它自己的独到之处：

（1）在三开间正房或厢房中共有四榀木构架，其中两榀中间架与两端的山架不同：山架皆有中柱，基本用穿斗的构架形式；而中间架为便于室内空间的灵活使用皆不设中柱，多用抬梁的构架形式。不过在构造上又略区别于一般的抬梁式构架，它不用瓜柱，而用叠架数层"珍珠"，故称"珍珠架"（图1-20）。

（2）随着房屋及厦子进深的不同，构架有五架、七架、九架等不同的规格，即檩条的数目不同。此外，为了前檐防雨、遮阳及后檐保护墙体的需要，屋顶在檐柱或金柱（当地称"京柱"）顶端的檩条外出挑较深，因而需另加檩条支撑椽子，该附加檩条名为"子贤"，子贤由吊柱或梁头承托（图1-21）。

（3）由于房间的功能、进深、厦子情况等的不同，构架形式也多种多样，主要有下列四种类型：明楼、骑厦楼、蛮楼、两面厦，此外还有两步厦，比较矮小的闷楼以及单层的平房。以上每种类型中各自又有多种形式（图1-22）。

三

丽江纳西族民居在建筑艺术上很有特色，概述如下：

（1）体形组合高低错落，有机别致；屋顶曲线舒展柔和，轮廓优美。

丽江纳西族民居不论何种平面类型，每院三至四坊，正房所在一坊因厦子与房间进深较大、地坪较高，故屋顶高大一些，其他各坊稍低；正房一坊又有变化，三间正房较高，两端偏房降低。外观每组民居的体形组合纵横交替且高低错落，非常丰富（图1-23）。

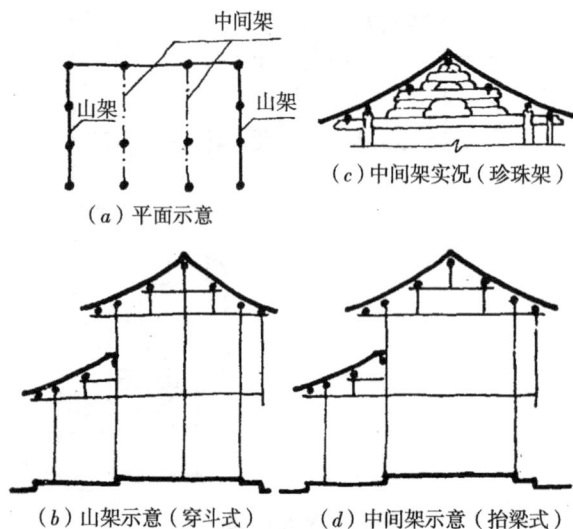

图1-20 山架与中间架

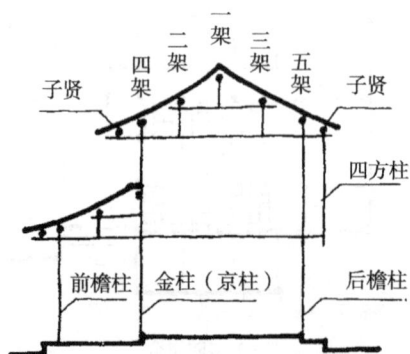

图1-21 柱、檩条及子贤

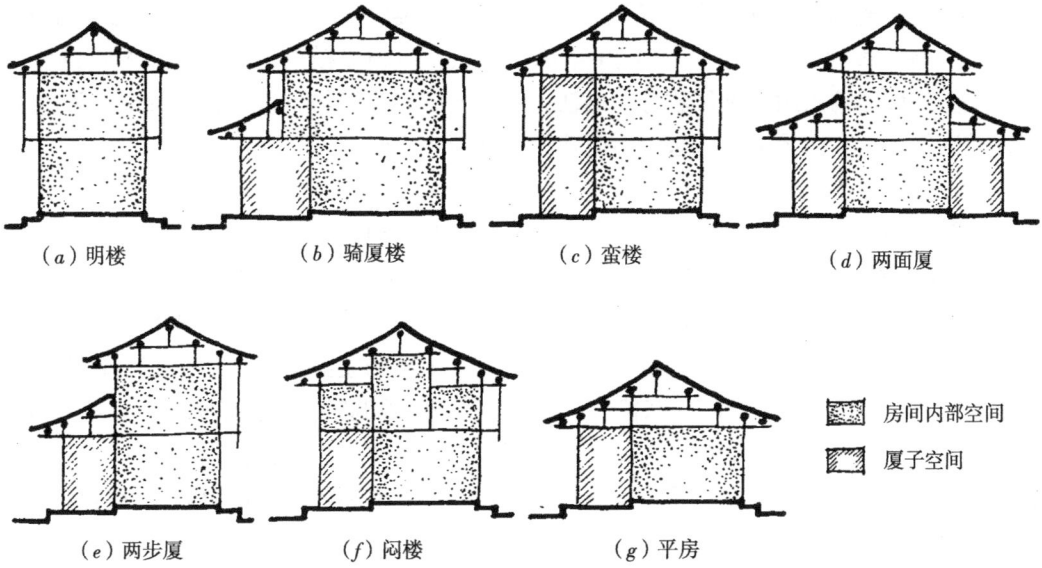

(a) 明楼　(b) 骑厦楼　(c) 蛮楼　(d) 两面厦

(e) 两步厦　(f) 闷楼　(g) 平房

房间内部空间
厦子空间

图 1-22　丽江纳西族民居构架类型示例

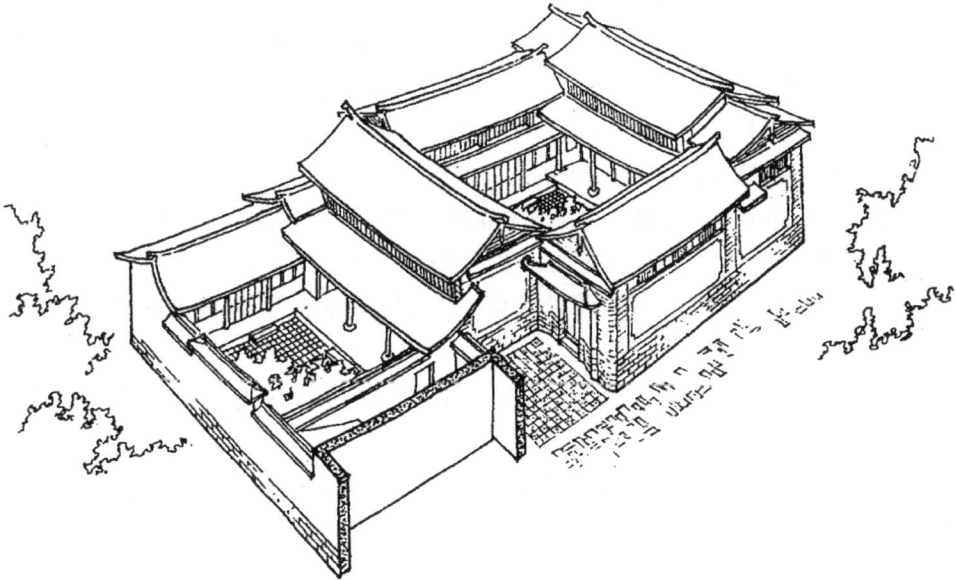

图 1-23　民居鸟瞰

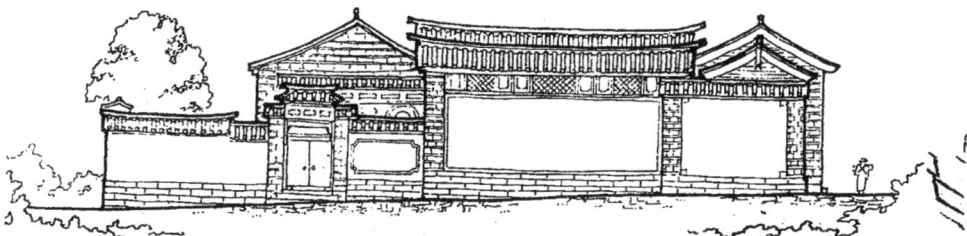

图 1-24　民居立面

再看造型轮廓，纵向屋脊两角略为起翘，名为"起山"，横向梁坡屋顶的第二根檩条皆落低一些，称为"落脉"，因"起山落脉"做法，屋顶纵横向皆形成微微的反拱曲线；此外加上外墙墙角采用"见尺收分"做法，渐上向里略为倾斜，这样构成每组民居建筑的群体轮廓舒展柔和而优美，与唐代中原建筑风格颇为相似。

（2）外墙立面比例和谐，风格朴实；材料运用对比统一，色调素雅。

丽江纳西族民居外表常见的是石砌的勒脚，抹灰粉白的墙面，有的在墙角处镶贴青砖（俗称"金镶玉"），青灰色筒板瓦屋面，外观非常朴素（图1-24）。它的立面特色主要体现于后墙及山墙。二层楼房的后墙面上下分段比例良好，多数上部设有一排木板墙，其中局部开窗；也有的土坯墙到顶，上段外面镶贴青砖。山墙的立面更为生动，山墙下段的围护墙与上段的山尖两部分通常以"麻雀台"分界，打破了单调感。山尖做法硬山、悬山不同：硬山砌体封尖，外常镶贴青砖；悬山则其木构架暴露在外，博风板、蝙蝠板（即悬鱼板）钉于悬挑的檩条端部，深厚的阴影反映出生动的造型。上述各部比例协调，材料简朴而有对比，色调和谐而又素雅，形成了丽江纳西族民居朴实的风格。

（3）入口门楼尺度适当，造型生动；细部线脚精美丰富，重点鲜明。

门楼是丽江纳西族民居的装饰重点，通常有两种设置方式：一是设有大门及二道门，大门的门楼在一漏角天井外独立设置；二是不设二道门，门楼多依附山墙或后墙而设，偏于一端，忌设正中，多朝东或南向。门洞宽一般1.8~2.1m，高2.6~3m，具有与人亲近的尺度感，符合居住建筑的特征。门楼形式有砖拱、木过梁平拱及木构架式三种（图1-25），以砖拱式最多。它多半做成牌楼的形式，中间高、两边低的筒板瓦顶用砖层层挑檐，端部起翘；门洞边框的墙柱一般有砖缝整齐的青砖镶面，檐下及门洞边的砖常饰有精美的线脚。门楼造型生动，细部丰富，与整个民居简朴的立面对比鲜明，更显得突出。

（4）天井照壁比例匀称，檐饰秀丽；厦子照壁工艺精彩，耐人寻味。

照壁在丽江纳西族民居中用于多处，其中以三坊一照壁正房所对的天井照壁为重点。石砌勒脚、粉白照壁、砖瓦檐顶三段匀称的比例，紧靠照壁的花台，给人以宁静、舒适的感受。檐部的砖砌线脚自然大方，有的线脚砖上还绘有黑白花饰的素画，显得素雅秀丽（图1-26）。

厦子因是丽江纳西族民居的重要组成部分，无论家人或客人经常在厦子上起居活动，因而两端的照壁也常是重点装修部位。由于厦子照壁与人较近，尺度较小，通常只在墙面上镶装一块长方形、圆形、八角形等形状的花纹别致的大理石，边框做精彩的木雕或砖琢线脚，非常值得观赏、玩味。

（5）天井铺地材料简易，装饰强烈；厦子铺地图案鲜明，趣味浓厚。

天井是丽江纳西族民居平面构图的中心，其铺地通常用块石、瓦碴、卵石等简易材料，按民间风俗铺砌成有象征意义的图案，如"四蝠闹寿""麒麟望月""鹭鸶踩莲""八仙过海"等，有着强烈的装饰效果。

厦子的铺地同样用大方砖、六角砖、八角砖等与卵石、瓦碴间隔组砌，组成很有韵律感的几何图案，装饰趣味很浓。

（6）木门槅扇雕饰精细，技艺高超；花窗槅扇类型丰富，花饰迷人。

（a）附墙砖拱门楼　　　　　　　　（b）独立木构架门楼

图 1-25　门楼

图 1-26　天井照壁

（a）木门槅扇

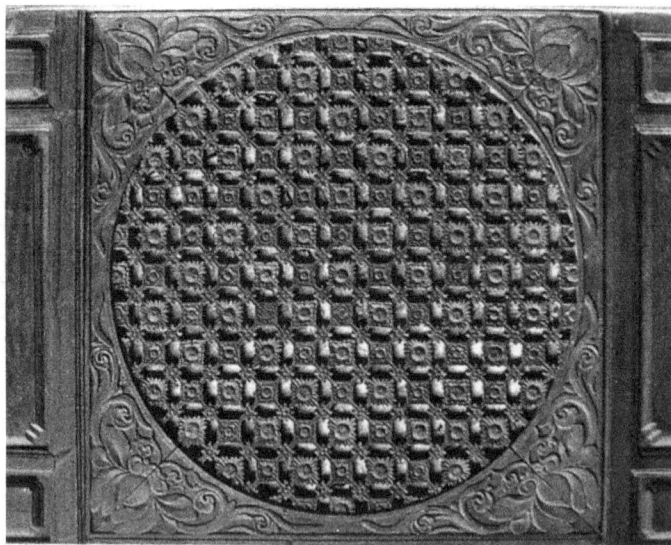
（b）花窗槅扇

图1-27　门窗槅扇

　　无论哪一坊的明间，面对天井的一面多为三组六扇雕饰精细的槅扇门，它是丽江纳西族民居中细木作的精华所在。每扇木门槅扇的框料通常组成五个框，上、中、下三个小框及下部大框中多填以"一块玉"的门肚板，其上雕以简洁的线条及图案；上部的大框内则多填以一块木雕艺术品，它是木雕装饰的重点，有的雕以图案形花格，有的在图案中雕以"治家格言"，更多的是做成多层透漏的漏雕——底层雕以"万"字穿花等图案，面层雕以栩栩如生的象征吉祥的鸟禽动物、四季花卉、琴棋书画、博古器皿等等，其别致的构图组合、高超的雕刻技艺令人赞赏（图1-27a）。

　　每一坊次间两个房间面对天井的一面，因采光需要上部多有一扇木花窗槅扇，形状或圆或方，雕以精细的图案，较近代的中间还镶以透明的玻璃，类型丰富，花饰繁多（图1-27b）。

　　（7）梁枋花罩精雕细刻，秀丽多姿；梁柱彩画色彩素朴，格调和谐。

　　木构架外露部分常进行艺术处理：将支承子贤檩的大过梁或厦承的梁头雕琢成兽头（俗称"狮子头"，图1-28）；在承受荷载较大的厦承下部加一"穿坊"，穿坊常用漏雕、浮雕等手法装修；也有把正房厦子外的子贤挂加工成花罩等等。所有这些雕饰部分做得都很精细，使粗笨的木构架产生了秀丽感。

　　梁枋柱头部位亦常施以彩画，不过这些彩画图案一般较为简朴，多以蓝、绿为主，也有不少仅以黑、白、灰三色构成素画，色调素朴，与民居的格调十分和谐（图1-29）。

　　（8）室内陈设古朴幽静，典雅别致；室外庭院空间舒适，花木多姿。

　　丽江纳西族民居的室内陈设比较集中地体现于正房的中间堂屋，这里通常放有檀木桌椅、案桌、床等，家具木料讲究，做工精细，形式古朴雅致（图1-30）。

　　丽江纳西族人民喜欢户外活动，也素爱花草，因此"家家有院、户户有花"。四周两层或部分一层房屋合围的室外天井通常约10m见方，空间适度；再以千姿百态的花卉、盆

图 1-28　"狮子头"

图 1-29　梁枋彩画

景点缀其间，有的还将院外宅旁的潺潺泉水引入院内，环境舒适而幽静。

素朴而幽雅的古城，朴实而精美的民居，是纳西族文化与技术的结晶，也是各民族文化技术交流融汇的产物，是中华民族宝贵建筑遗产的一部分。它们应该为今后城镇、建筑的研究及旅游事业的发展发挥更大的作用。

图 1-30　家具陈设

参考文献

［1］（清）冒沅纂修.光绪丽江府志稿［M］.1895（清光绪二十一年）.

［2］赵净修，杨寿林，杨启昌编辑.庆祝丽江纳西族自治县成立二十周年纪念专集［C］.1981.

［3］丽江风景资源调查组.丽江风景区资源调查报告［R］.1980.

［4］云南工学院建工系.丽江纳西族民居调查资料［R］.1981.

［5］木庚锡.丽江纳西族民居的木构架探讨（云南工学院建工系交流资料）［R］.1982.

傣族的生活习俗与傣族民居①

一谈傣族传统民居，人们首先会想到那隐没于浓荫翠竹之中的"竹楼"。其别具一格的平面形式，独特优美的建筑造型，宁静幽雅的总体环境，使它蒙上了几分迷人的色彩（图2-1）。如今在西双版纳傣族传统民居仍大量存在。

图 2-1　造型独特而优美的西双版纳傣族竹楼

一、从"帕雅桑木底造屋"谈竹楼的由来

关于竹楼的由来，在傣族人民中有许多美妙的传说，其中最有代表性的是在傣族创世史诗《巴塔麻嘎棒尚罗》②中记载的关于傣族始祖"帕雅桑木底造屋"的传说。该书"人

---

① 　1988 年接受云南科技出版社委托，计划与泰国合作出版一本反映我国傣族建筑的书，为此，在过去零星调查的基础上又于 1989 年 2 月在西双版纳州与德宏州作了一段时期的系统调查，后由我与青年教师孙茹燕及研究生付勤共同完成书稿。全稿分"宗教仪式与傣族村寨"、"佛教信仰与佛寺建筑"、"生活习俗与傣族民居"、"社会风情与小品建筑"四章，其第三章"生活习俗与傣族民居"由笔者亲自撰写，写成于 1989 年 11 月。该书原计划出版英、中两种文本，英文版《THE DAI Or the Tai and their Architecture & Customs in South China》由张宏伟翻译于 1992 年由曼谷DD Books 出版，然而中文版因计划变故至今一直未出。现将第三章内容按原中文稿编入此文集，也是该文作为中文论文的首次正式发表，文字及插图皆保持当时的原貌。

② 　《巴塔麻嘎棒尚罗》，即傣族创世史诗，岩温扁翻译，西双版纳傣族自治州民族事务委员会编。

类大兴旺"一章中对其有相当篇幅的详细描写。其大意是：

人类由于大配偶而兴旺了，原来居住的土洞睡不下了，只好在洞外受风吹雨淋。桑木底见之感到心痛，叫大家躲在大树下避雨。这时桑木底看见不远处上面长满麻芋叶的一块地是干的，心头一亮：叶能挡雨，能否用来盖棚子？于是找来四根木杈搭起一个棚架，用芋叶和茅草铺在棚上，盖成一间平顶的窝铺。起初，它不漏雨，桑木底满意地笑了；可是当雨越下越大时，它又漏了起来，而且雨停后它还在滴答地漏。桑木底又气又急，只得又搬回山洞。——这是傣族先民从住原始洞穴到"叶棚架"的有关描述，可以说是傣族民居发展的第一阶段。

史诗接着叙述：桑木底不气馁，时时在想怎样搭一个不漏雨的棚子。有一天他看见雨中一只狗一动不动，昂着头，拖着尾，撑着前腿，屁股着地，狗背被淋湿，但胸部下的土地却是干的。桑木底受到很大的启发，他就动手搬来四根木桩，两根高的在前，两根矮的在后，仿照狗坐的姿势盖了间草棚，取名叫"杜妈庵"（傣语，意即"狗坐式棚架"）。不久天下雨，顶倒是不漏了，可是风雨飘进来把棚内的地全淋湿了，"杜妈庵"还是不能久住。——这是傣居从"叶棚架"发展到第二阶段"狗坐式棚架"的传说。

下面又继续描述：桑木底并不伤心失望，他决心为了人的生存继续想方设法。这种精神感动了天神，于是变成一只凤凰飞到桑木底面前对他说："桑木底啊，你看着我的翅膀能否遮风挡雨？"说罢，天下起雨来，凤凰立定两支长脚，摆出房棚姿态。桑木底仔细观察，他看清雨顺着凤凰的双翅及颈、尾向四面淌，于是想出了盖房的方法。他抬来许多树木作柱，拔来茅草编成无数草排盖顶，将新房架在高脚柱子上与地面隔开，屋顶前后各一扇，左右各一厦，四面斜坡。这样的房子既好看，又防风遮雨。新房盖成，众人欢唱，桑木底为之取名叫"烘狼"（傣语，意即"凤凰房"），从此人类有了住房。——可以看出，发展到第三阶段的傣族先民的"凤凰房"就是现在干阑式竹楼的雏形（图 2-2）。

上述传说可以说明傣族先民原先住在原始的洞穴之中。傣文史书《沙都加罗》也说傣族最早的祖先"住在寒冷的山里"[1]。不过也有人认为傣族这种底层架空的干阑式建筑是源于原始的巢居[2]。傣族的另一个传说《山树神的故事》中亦略有所述，其中谈到远古时候傣族先民在洪水泛滥时曾巢居大树而逃脱了灾难，后傣族一直祭祀树神。传说只是一个方面，傣族竹楼究竟源于洞穴还是巢居尚有待进一步的科学考证。不过，人类的生存必须适应自然环境，人类祖先是洞居、穴居还是巢居常随各地的地理自然条件而定。对于山多、林密的西双版纳等傣族聚居地区来说，既有洞居的方便，又有巢居的条件，很可能兼而有之。傣族既有洞居传说又有巢居传说可能正是二者并存的反映，其祖先并非居洞就不能居巢，洞避风雨，巢避虫兽，各有其利。由此看来，傣族先民很可能先洞居，后巢居，再发展到竹楼。

从已发现的史料来看，干阑式建筑并非傣族所独创与独有。浙江余姚河姆渡村距今约六七千年的建筑遗址，云南剑川海门口公元前 1150 年左右的商朝建筑遗址，以及云南祥

---

① 转引自西双版纳傣族自治州民族事务委员会编：《傣族文学简史》，3 页，昆明，云南民族出版社，1988。

② 《中国建筑史》编写组：《中国建筑史》，1 页，北京，中国建筑工业出版社，1982。

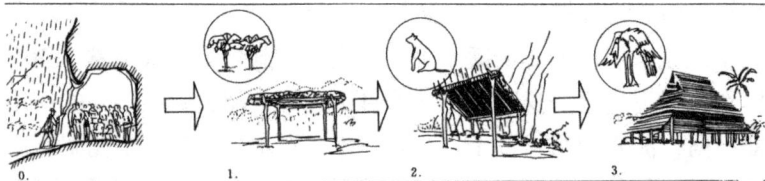

图 2-2　关于傣族竹楼由来传说的示意图

图 2-3　云南晋宁石寨山出土的干阑式青铜房屋模型（战国至西汉中期）

云大波那村战国墓中的木椁铜棺，云南晋宁石寨山古墓群中战国至西汉中期的青铜房屋模型（图 2-3），广东广州汉墓中的东汉明器陶屋等出土文物皆可证明干阑式建筑在我国有着久远的历史。"干阑"一词早在《唐书·南平獠传》中即有所见："土气多瘴疠，山有毒草及沙虱、蝮蛇，人并楼居，登梯而上，名曰干阑。"

干阑式住房本是我国最早的住宅形式之一，古代相当广泛地分布于长江流域及其以南的多水地区。随着历史的演变，如今长江流域一带的干阑式住宅已不复存在，只是云南的傣族、景颇族、佤族、哈尼族、布朗族、基诺族及贵州的侗族、水族等少数民族迄今仍然采用，而目前中国最集中、最典型的干阑式建筑则要数西双版纳的傣族竹楼了。之所以如此，有着多方面的原因：从地理上看，西双版纳属亚热带与热带地区，气候炎热、潮湿多雨，野生虫兽多，架空式的竹楼有利于通风、散热、散湿、避虫兽、避洪水，具有很好的适应性；从经济上看，由于西双版纳过去交通不便，与外界交往较少，经济发展一直较为缓慢，也影响了建筑的发展与前进；从文化上看，西双版纳过去长期属土司制度统治，虽归属中原王朝，但"山高皇帝远"，中原文化的影响较小，而本民族的原始宗教以及从印度、缅甸、泰国传来的上座部佛教等则长期主宰着当地的传统观念，在一定时期、一定范围内限制了变革求新的精神与技术的进步。由于上述因素共同作用，使得西双版纳的傣族竹楼得以沿袭至今。

西双版纳的民居发展到干阑式竹楼经历了漫长的岁月，而干阑式建筑从古代遍布我国长江流域以南地区到如今仅在西双版纳地区较典型而大片地保留下来，这在建筑史上有着特殊的研究价值与意义。

二、傣族的婚姻、家庭及民居的居住意识

从史诗记述及实际发展来看，傣族在很早以前就已经形成一夫一妻的对偶婚姻制（除了统治阶级各勐土司盛行一夫多妻以外）。傣族男女青年的恋爱较为自由，恋爱方式多种多样，比较开放且饶有风趣：既可在幽静凉爽的竹楼凉台上谈情，也可以在篝火映照的纺线场上说爱；既可以在热闹的丢包场上寻找伴侣，也可以在赶摆路上倾叙衷情。田间、地头以及砍柴、看电影、看戏时可以互表爱慕之心，而各种各样的节日活动更是青年男女寻找对象的好时机。

从相爱、订婚到结婚，傣族有一套传统而别有情趣的习俗。男女青年相爱、定情之后，男方父母要托媒人去女方家提亲，女方父母一般是不会阻挠的，同意后择日举行婚礼。婚礼一般都在女方家里举行，婚礼中要举行较隆重、热闹的拴线仪式（图2-4），主婚人在致完贺词后拿起长长的白线绕过新郎新娘的肩，再把新婚夫妇的手腕拴上，意即把新郎新娘的魂拴在一起，把两颗心拴在一起。洁白的棉线象征着纯洁的爱情，拴线意味着白头偕老，永不分开。在西双版纳有婚后从妻居住的习惯，即丈夫到女方家"上门"一段时间以后再回到丈夫家，具体时间长短根据双方家中劳动力情况协商，正常情况约3年左右。

一般来说，男女青年婚后生了孩子都喜欢从父母家庭里分出来，另盖房子居住。特别是长子长女结婚后一般都要离开父母家庭另立门户，由幼子或幼女同父母一起居住，父母年老后主要由幼子女赡养，父母死后财产由他们继承，其他人不会和他们争夺。在傣族家庭中，儿女长大后经济上是独立的，他们可以单独饲养家禽、牧畜，栽种水果，收入归己[1]。

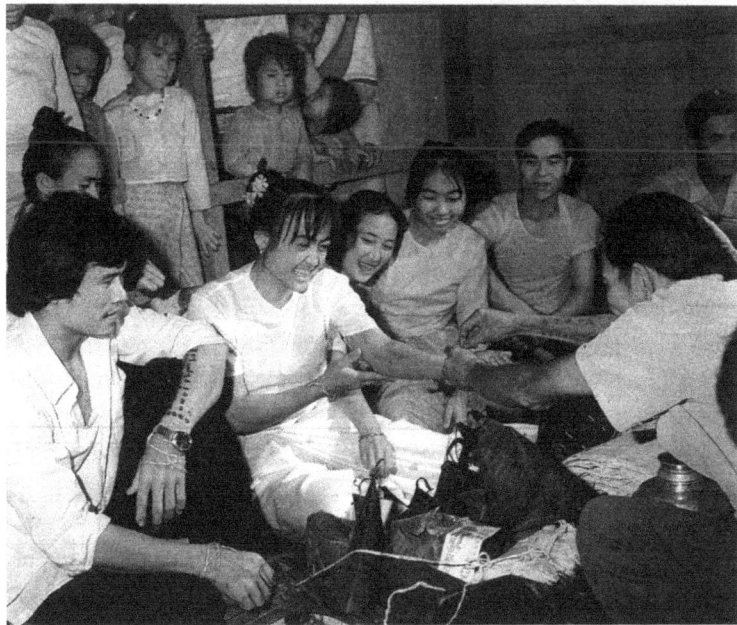

图2-4　傣族婚礼中的拴线仪式
（来源：《THE DAI》）

---

[1]　引自西双版纳傣族自治州民族事务委员会编，征鹏、杨胜能执笔：《西双版纳风情奇趣录》，20~30页，昆明，云南民族出版社，1986。

鉴于这种情况，傣族的一般家庭组成结构简单（主要是父子或父女直系），辈分不多（一般两辈，少量三辈），规模不大（通常4~6口人），家庭内部也较为和睦，尊老爱幼，尊夫爱妻，很少吵架。

在傣族村寨内，每个家庭的独立封闭性比较薄弱，原因：一是由于原始宗教及农村公社残余影响较大，带来村寨的群体意识较浓厚；二是由于上座部佛教占统治地位，使全村傣族人民有一定的凝聚力；第三，因为经济发展缓慢，商品经济很不发达，使村民之间除了自给自足以外需要依靠相互帮助。因此在傣族村寨内，每家的婚丧喜嫁都作为全村大事，每家盖房子都需要互相支持。

由于上述家庭组成结构简单及家庭独立封闭性差两方面的原因，使得傣族民居在居住意识上与中原汉族民居有很大的不同，概括如下：

（1）居住构成。中原汉族民居多为相互联系的大家族，而西双版纳傣族民居多是相对独立的小家庭。

（2）防御意识。前者观念强烈，防范严密；后者观念淡漠，防卫薄弱。

（3）基本特性。前者封闭内向，后者开放外向（图2-5）。

（4）地域观念。前者讲究风水，方向明确，多以南向为主；后者不讲汉族的风水，另有一套独特的方位体系[①]。

（5）布局特点。前者轴线明确，布局严谨；后者轴线模糊，布局灵活。

（6）平面特征。前者是屋中有院，院是向内收敛的积极空间；后者是屋外有园，园是向外扩散的但又为竹篱所限定的既积极又消极的中性空间[②]。

（7）发展方式。前者是多院相套，后者是各户独立。

（8）私密观念。前者非常重视居室的私密性，分室严格；后者在家庭内不太重视私密

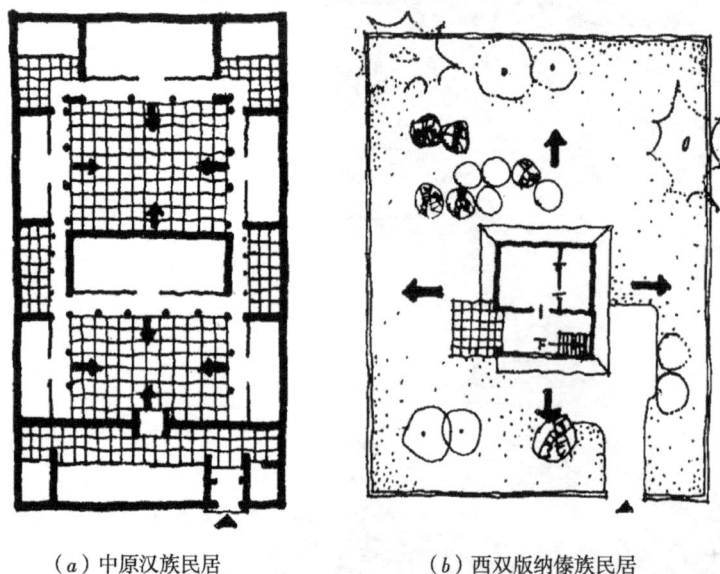

（a）中原汉族民居　　　　　（b）西双版纳傣族民居

图2-5　汉族民居与傣族民居的比较示意

---

① 参见张宏伟：《西双版纳傣族村寨形态中的方位体系》，载《云南工学院学报》，1992，08（03）：86。

② 根据（日）芦原义信著，尹培桐译：《外部空间设计》，北京，中国建筑工业出版社，1988。

性，居室不分室。

由于居住意识上的不同，使得傣族民居形成了自己鲜明的特色。

三、傣族的生活习俗与民居的平面组成

傣族独特的生活习俗带来傣族民居独特的平面组成。西双版纳的傣族竹楼通常由楼下架空层、楼梯、前廊、客室（堂屋）、卧室、凉台（晒台）等六个基本部分组成（图 2-6）。

（一）楼下架空层（图 2-7）

竹楼的底层以数十根木柱支承楼上重量，四周无墙，形成架空层。架空层为非生活空

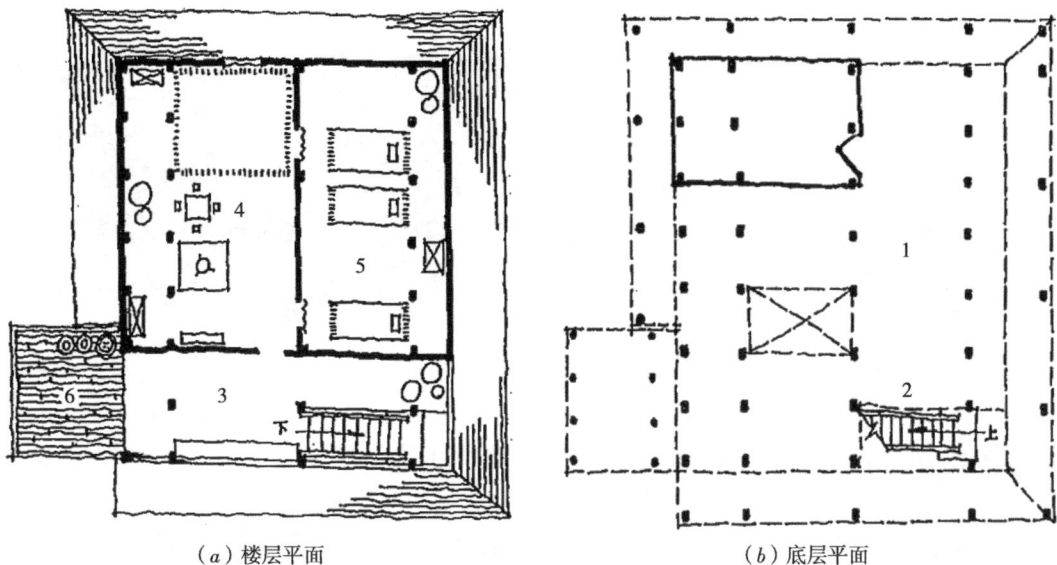

（a）楼层平面   （b）底层平面

图 2-6　西双版纳傣族竹楼的典型示例

1- 底层架空层；2- 楼梯；3- 前廊；4- 客室（堂屋）；5- 卧室；6- 凉台（晒台）

图 2-7　傣族竹楼的楼下架空层   图 2-8　利用底层从事副业

图 2-9　傣族竹楼的楼梯

图 2-10　傣族竹楼的前廊

间，只在其中关养牲畜，堆放杂物、柴火、局部围作米仓，用于春米等，故层高一般只有2m左右。楼下架空层过去以饲养牲畜为主，楼上、楼下人畜只一板之隔，卫生条件较差。近二三十年多在竹楼外另建畜厩，卫生稍有改善，然而大牲畜外迁后底层空间并未充分利用，且其地面仍为自然泥土，加以家禽在其中乱闯，杂物乱放，故环境仍较差。最近已有利用楼下架空层从事副业（图2-8），也

图 2-11　傣族竹楼的客室

有局部隔作房间，将地面稍加整平用作食品加工（如做米线）或临街小商店，实为一大进步。

（二）楼梯（图2-9）

楼梯是傣族竹楼中由楼下通往楼上各主要组成部分唯一的垂直通道，除过去的土司头人的大宅以外一般只设有九级踏步。按传统习惯楼梯起步端要朝东，如今除个别地方保留这个习俗外，多数已不拘泥。

（三）前廊（图2-10）

楼梯直上即到前廊，它是楼上与客室、凉台之间联系的一个过渡的"灰"空间，除入客室的一面外其他三面无墙，多以重檐屋面遮阳避雨，檐下设有靠椅。前廊一般比较宽敞，通风良好，且很阴凉，光线亦较客室内明亮，故白天人们多喜欢在此歇息，这里是乘凉、操持家务与待客的重要场所。在傣族竹楼中，前廊是个非常适用而精彩的空间。

（四）客室（图2-11）

客室是主要的生活起居与待客之处，是竹楼的中心组成部分。客室中通常铺以篾席供接待宾客或自家白天歇息时席地而坐，传统上无桌椅，故傣族人民非常讲究室内的清洁，入室前需将鞋脱于门外（客人亦需如此），劳动回来需先到凉台洗脚后才能入内。传统竹楼外墙一般不开窗，客室光线较暗，仅靠门洞、屋顶山尖及竹编墙的缝隙采光；有的在客室后墙的中部开一小窗以增加室内的光亮。客室一般在近门一侧设有火塘，用于炊事，上置铁三脚架，供烹饪、烧茶（图2-12）。西双版纳傣族的传统竹楼中一般没有专门的厨房。火塘右侧是家庭成员及招待客人用餐之处，同时也是招待来客的住处，未婚姑娘招待自己

图 2-12　客室中的火塘

图 2-13　傣族竹楼的卧室

的情人也可安排情人宿于此处。客室的规模随经济情况的差别而有所不同，一般为矩形，大者有L形，凡L形者多将火塘置于凸出的一翼。传统客室内家具甚少，只有碗柜、矮方桌、小凳等，现已开始增设桌椅、衣橱、沙发等家具。按传统习惯客室的门要朝南，现已不拘。

（五）卧室（图 2-13）

卧室与客室纵向并列，为一大通间，有两个门（也有一个门

图 2-14　傣族竹楼凉台

的）通向客室，一般不设门扇，只挂布帘（土司头人的卧室除外）。卧室四周墙壁无窗，仅以墙的缝隙透光。室内无床，皆在楼面上铺帕垫席楼而卧；全家数辈同宿一间，不分室，帕垫按辈分次序横向平行排列，仅以纱帐间隔，私密性差。卧室内除少量箱柜以外别无其他家具。傣族风俗卧室不欢迎外人进入，至今依然如此。按传统习俗睡觉时头要朝东，现随居室的位置而定。

（六）凉台（图 2-14）

凉台位于楼上前廊的一端，无屋顶遮盖，供盥洗、晒衣、晾晒农作物，有的设矮栏杆围护。在傍晚、夜晚或白天无直射阳光时，未婚姑娘亦喜欢在此从事副业或结伙在此纺线，这也为寻觅对象增加机会。凉台为了满足盥洗功能，必在一角集中设置一些储水的陶土盆钵，故楼面常比前廊低一级，以保持前廊的干燥。专门储存饮用水的盆钵通常放在靠客室檐下，并加盖，以利饮用水的清洁；也有将凉台一角局部伸入前廊内放置盆钵，既有与前廊的地面高差，又有屋顶遮盖，实为一种巧妙地处理。目前已经有自来水的地方常将自来水管接至

(a) 景东某宅

(b) 勐遮某宅

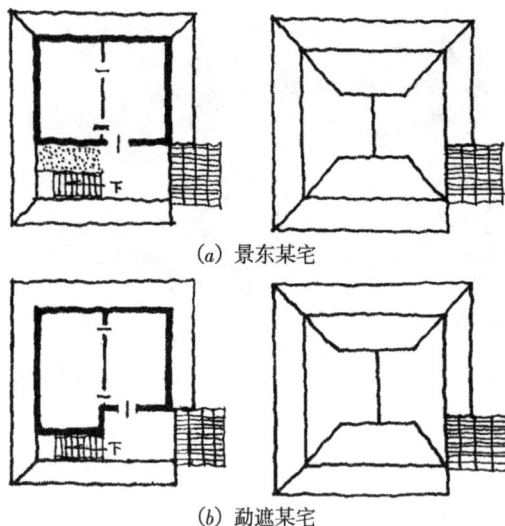

图 2-15　西双版纳傣族民居的基本型

图 2-16　基本型民居外貌

凉台。凉台一般只与前廊相通，部分客室（特别是 L 形平面）另加一门直通凉台，更为方便。

除上述六个基本部分外，随着发展也出现附建专用谷仓的，近几年也有另设专用厨房的，这些在后面述及。

四、傣族民居的基本形式及其变化

民居是人类适应生存需要而产生的一种最普遍、最重要的建筑类型。它没有专门的建筑师，真正的建筑师是人民大众（其中建筑工匠起着主导作用）。在历史的长河中，各地民居都在不断地演变，但这种演变比较缓慢，在一定时期、一定地区内民居的基本形式具有相对的稳定性。可是每个地方、每个民族的民居在相对稳定的基本形式之下，又蕴藏着千变万化，这种变化是随主观的功能需要、审美观念及客观的地形条件、经济条件、材料限制等因素而产生的。了解民居需要了解它的基本形式，而民居的真正创作价值却在其千变万化之中。

现将西双版纳傣族民居的基本形式及其变化概述如下：

（一）基本型（图 2-15、图 2-16）

西双版纳傣族民居最基本的平面形式是方形（不含凉台），一个投影平面为方形的歇山式屋顶（有时为重檐）盖住了楼梯、前廊、客室、卧室等室内部分。图 2-15（a）是其最典型的平面，规模不大，底层通常 32~40 根柱，楼层面积（不包括凉台）约 70~80m²，对于一个傣族家庭来说，它满足了基本的功能要求。由图 2-15（a）中也可以看出在楼梯与卧室之间有一小块面积没有充分利用（平常只堆放一点杂物），故而有的将卧室扩大到楼梯口，产生了如图 2-15（b）所示的平面。

（二）扩大型（图 2-17、图 2-18）

新中国成立前经济比较富裕的家庭以及近年来多数新建的民居，通常除了将房屋进深加大以外，还将客室局部加宽成 L 形（图 2-17 a、b）、凸形（图 2-17 c），或全部加宽

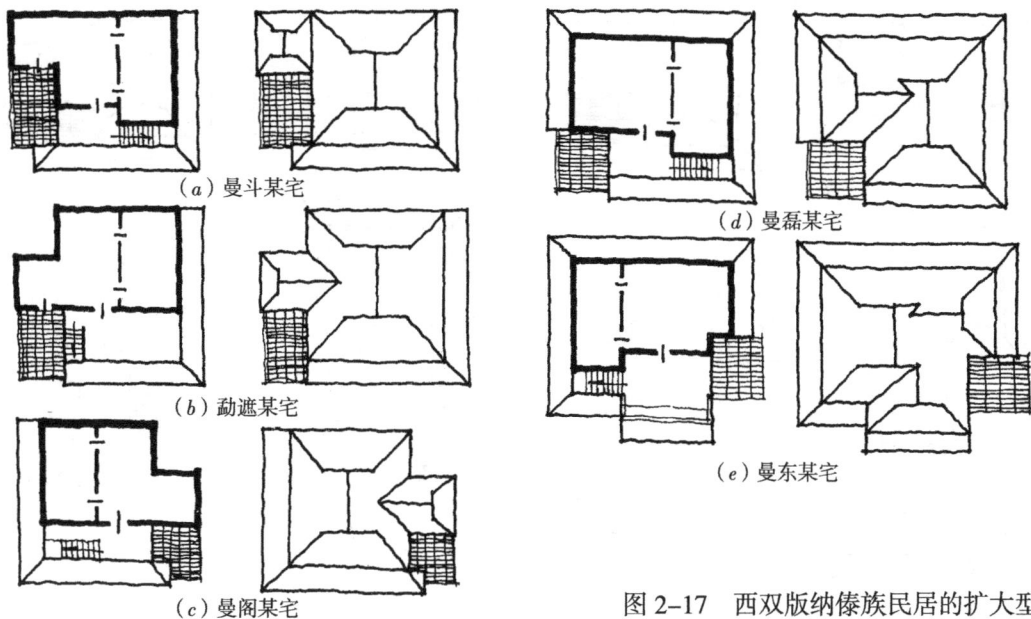

（a）曼斗某宅

（b）勐遮某宅

（c）曼阁某宅

（d）曼磊某宅

（e）曼东某宅

图 2-17　西双版纳傣族民居的扩大型

图 2-18　扩大型民居外貌

（图 2-17 d），还有的将前廊加深（图 2-17e），这样规模有所扩大，底层约有 50~60 根柱，楼层面积约有 120~140m²。鉴于平面已不是方形，屋顶的组合由高低、纵横的歇山顶交替，造型较为丰富。

（三）发展型（图 2-19、图 2-20）

新中国成立前的土司头人以及一些富裕家庭，在住宅旁建有干阑式谷仓以囤积谷物，其谷仓有的紧贴客室一侧（图 2-19 a），有的与前廊相连（图 2-19 b），有的与凉台连接（图

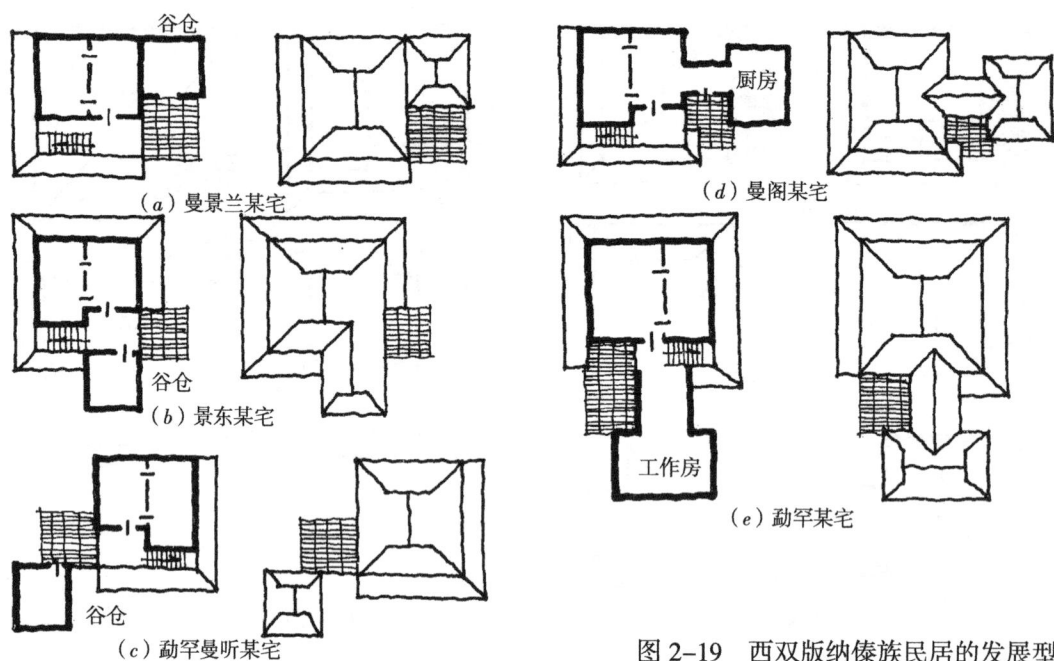

(a) 曼景兰某宅

(d) 曼阁某宅

谷仓

(b) 景东某宅

谷仓

(c) 勐罕曼听某宅

工作房

(e) 勐罕某宅

图 2-19 西双版纳傣族民居的发展型

图 2-20 发展型民居外貌

2-19c)。随着时代的前进，现在有的地方已开始另建专用厨房，并将厨房与客室脱开以廊相连，这样大大改善了客室内的卫生条件（图 2-19d）；现在甚至出现了专用的副业（缝纫）与工作室（图 2-19e）。这样的住宅形式除前廊、客室、卧室外，还增加了谷仓、厨房、连廊、专用工作室等房间，空间有所发展，规模当然更大，底层约有 70~80 根柱，楼层面积大者可达 200m^2，屋顶的组合也更为丰富多样。

五、傣族民居的材料、结构与构造

傣族的民居通称"竹楼",顾名思义是用竹子盖成的楼。很久以前,竹楼的柱、梁、屋架以及楼板、楼梯、墙壁等皆用竹子做成,屋顶也以竹做成的檩条支承,上铺草排。这是因为西双版纳及德宏等地竹子资源丰富,可以就地取材,同时也适应当地炎热、多雨的气候特点。不过竹子的防火、防腐、防虫蛀等性能较差,结构上也不够结实、不耐久,故后来竹楼的柱、梁、屋架等主要承重构件逐渐由木料所代替。西双版纳的木材资源也是异常丰富的,但是过去全木结构的房子很少,这是由于在封建领主制度下对一般平民的房屋使用木楼板、木板墙、木檩瓦顶等有一定限制的缘故。近 30 多年来,随着封建领主制度的消灭,房屋等级的限制已经消除,竹楼的各种构件(包括楼梯、楼板、墙壁等等),皆已由木材所取代,草顶也改成了瓦顶,竹楼实际上已变成了木楼,只不过名称上仍习惯称"竹楼"。如今,真正的竹楼,即竹柱、竹梁、竹屋架与竹梯、竹楼板、竹编墙、草顶相结合的竹楼已经比较少见,但它作为少数新婚夫妇从原来父母家庭中分出来后新的"木楼"尚未盖成前两三年的临时性住宅仍然存在(图 2-21~ 图 2-24)。

建盖竹楼是傣族人民生活中的一件大事,因此它在傣族的民间文学中,特别是从古传诵至今的著名的傣族叙事长诗《贺新房》中留下了种种传说,以致竹楼上的许多构件都与

图 2-21　西双版纳至今存在的真正的竹楼

图 2-22　竹楼的楼下架空层

图 2-23　竹楼的客室

图 2-24　竹楼的草排屋顶

这些传说有关。据传古时候有一次洪水泛滥，傣族始祖帕雅桑木底划着竹筏救护水中濒于死亡的动物，使它们免遭灭顶之灾，所以各种动物都很感激他。在他给傣族人民重建家园时，各种动物都来相助，母龙教他做楼梯，野狗教他立柱子，猴子教他穿木梁，麻雀和燕子衔来茅草帮他盖屋顶，白鹭献出双翅帮他盖屋角……故至今竹楼上的许多构件仍以动物肢体命名，如：屋脊——麻雀之屋（"坐很"），盖屋角的草排——白鹭之翅（"必养"），屋檐柱——狗脊背（"郎玛"），楼梯——龙梯，楼梯垫石——乌龟壳以及象舌头、猫下巴等等。再如中柱傣语叫"少浪"，意为"坠落之柱"，相传帕雅桑木底盖房立中柱时，中柱突然坠入地层，直通龙宫，龙王立即将这根柱子托出地层，送还了帕雅桑木底，故而得名。从此，每当傣家人盖房子立中柱时，都要用"冬岛"、"冬芒"（均属树叶）垫在柱底，意为使柱子埋进土中不致沉落[①]。此外，傣族至今的很多习俗如建房时在王子柱（火塘旁的第三根）上捆几块芭蕉树茎片，在公主柱（在卧室里）上用甘蔗苗包起，二柱的柱头与梁架之间垫以红布或白布，以及中柱不能靠人，楼梯右边的柱子不能拴马等等禁忌，都与各种传说有关。

传说归传说，但它反映了傣族民居传统上使用竹、木结构的久远历史。就今日而论，傣族民居除少量保留着竹、木混合结构（个别也出现了砖、木混合结构以至砖、木、混凝土混合结构）以外，绝大多数是木结构体系。具体情况如下：

（1）承重构架由木柱、木梁、木屋架组成。柱网通常有 3~5 行纵向列柱，其横向柱距 2.0~4.0m 不等，外侧一边或两边又增加纵向楼层檐柱，其与列柱的柱距仅 1.2~1.6m；纵向列柱每行 6~8 跨，跨距 1.3~2.0m 不等；凡有下层重檐披厦屋面者，则在外圈加设底层檐柱，其与楼层外圈的列柱或檐柱以横枋联系，枋上再立有稍向外倾斜的小柱作为上檐的挑檐柱，同时作为支撑外墙的骨架（图 2-25）。柱网通常不甚整齐，间距大小不一。此外，不仅楼上因客室空间需要而减柱，底层也有时出现减柱情况。主要的列柱通常用（200~220）mm×200mm 断面的方木或直径 220~250mm 断面的圆木。由于柱子跨距较小，梁枋的断面也比较小，通常 60mm×120mm。一幢竹楼柱子的多少决定了它的规模，过去在封建领主制度下住房规模也有等级限制，一般平民的房屋柱子限于 40 根以内，土司头人的房屋则可以多至 100 根以内，而最高封建领主召片领的可多达 124 根。如今这种限制已经消除。

竹楼的屋顶造型虽独特，但屋架并不复杂，它分上下两段：上段多半采用双坡简易木屋架（只是少数土司头人的大型住宅才采用抬梁式构架），跨度一般 5~7m，坡较陡，约 45°左右。下段四周接单坡半屋架，跨度 2m 以内，檐口悬挑 0.8m 以内（若悬挑过大时通常加斜撑支承檩条），坡稍缓一点，约 35°~40°。上下两段相接处有一折角（图 2-26~图 2-28）。歇山屋顶的山花部位通常结合透气孔洞作一点适当的装修（图 2-29）。

（2）对于干阑式竹楼来说，楼板既是承重构件，又是下面的围护构件。过去竹楼板有一定的弹性，且有缝隙透风，较凉爽；但走动有声响，不耐久，且底层牲禽的气味对楼层有一定影响，卫生条件较差。现木楼板较平坦、严密、结实，卫生条件也大有

---

① 以上传说据《西双版纳傣族社会结合调查（二）》第 74 页（《民族问题五种丛书》云南省编辑委员会编，云南民族出版社），同时参考《西双版纳风情奇趣录》第 58 页。

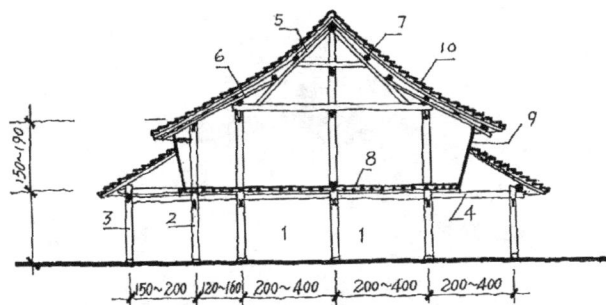

图 2-25　傣族民居的典型结构体系

1-列柱；2-楼层檐柱；3-底层檐柱；4-木梁枋；5-双坡简易木构架；6-单坡木构架；7-木檩条；8-木楼板；9-木板墙；10-缅瓦（屋面）

图 2-26　傣族民居构架实例

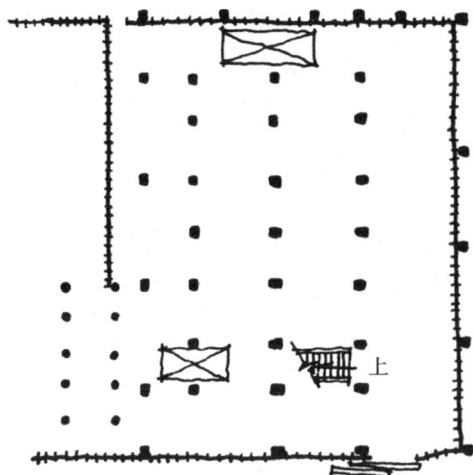

（a）底层平面

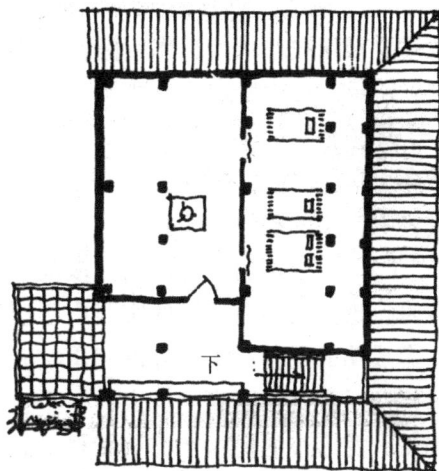

（b）楼层平面

图 2-27　勐仑曼打鸠某傣族民居的柱网实例

图 2-28　傣族民居的屋顶

改善。楼板构造如图 2-30（a）所示。楼板面距地面的高度（底层层高）过去只2m 左右，现新建房屋有增高的趋势，一般约 2.1~2.5m，这对今后的底层利用稍有好处。木楼板多与木楼梯相配，楼梯多为九级踏步（少量有七级的，过去只有召片领及其儿子的住房才允许十一级以上），一梯段直上，下以石块垫脚。

（3）作为外围护构件的墙壁现多为木板墙，屋顶多用瓦顶。木板墙多数上端略向外倾斜，使室内室间稍有扩大，有的还作了空间利用，如图 2-30（b）所示。屋顶现一般用较小的缅瓦作屋面，如图 2-30（c）所示，过去所用的草排屋顶现愈来愈少。屋顶檐口的高度从楼面算至檐柱上的檩条上口（亦即楼层层高），一般 1.5~1.9m，现亦有增高的趋势（有的达 2.4m 左右）。

（4）木结构的耐久性首先取决于木材本身，傣族人民在长期的实践中已摸索出一套成功的经验：①十分讲究用材树种的选择，通常选择耐腐、抗虫、树干直、易加工、变形小的树木作建筑用材，而且要就地取材。②重视采伐季节，一般在雨季后期（约 10 月份）砍伐，原地留放，雨季结束后（11~12 月）就地加工成梁、柱、枋、板等成材运回，次年旱季（2~4 月）作建盖房屋之用，这样有利于防止虫蛀。③木材使用前放入水塘浸泡数月，进行微生物处理改性，然后取出洗净晒干使用，对于防虫蛀非常有效。④以坚硬的石块把

图 2-29　傣族民居歇山屋顶山花部位的装修

柱脚垫高、垫实，高出地面约 10cm，有利于防腐、防虫。⑤楼下架空层饲养家禽，而鸡鸭喜食白蚁虫卵，利用生物手段灭虫，亦可减少虫害。⑥火塘的长期烟熏，产生明显的烟雾化学作用，亦对防虫、防腐有利。

（5）傣族人民木作技术一般不及外地（如中原地区或云南的大理地区）精细。榫孔不甚严密，故榫头常用木楔加固，日久松动歪斜时取出木楔校正后再钉入。这对木结构的寿命会有影响。今后应在木作技术上加以改进，提高构件结合的严密性。

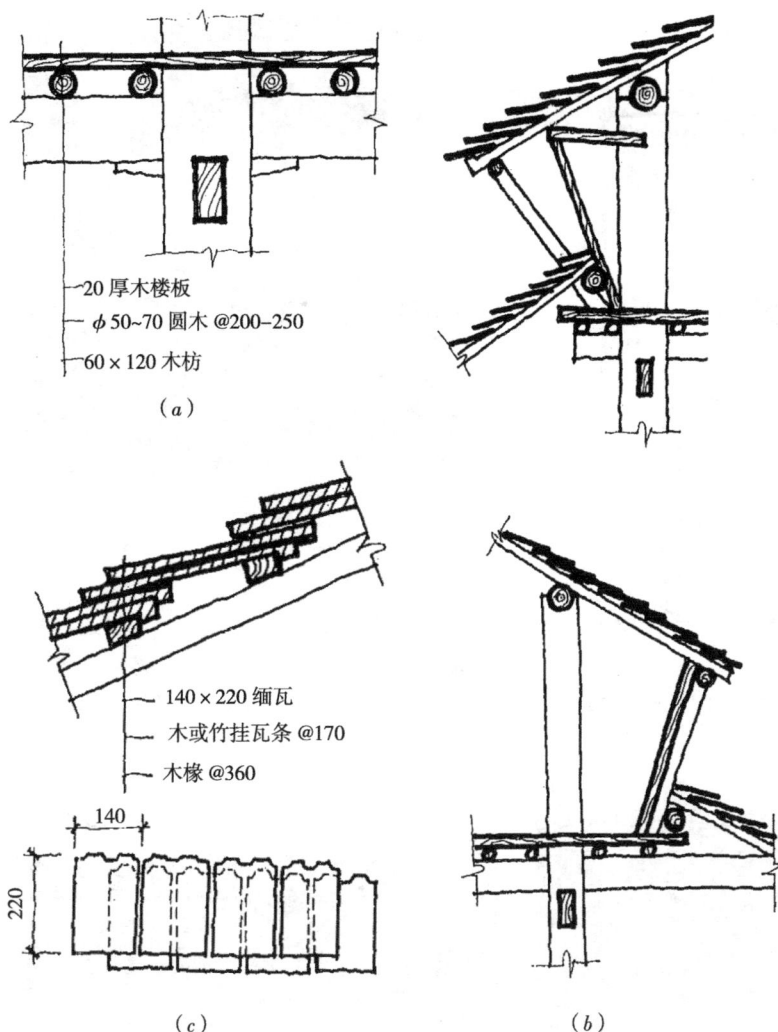

—20 厚木楼板
— φ50~70 圆木 @200–250
—60 × 120 木枋

（a）

140 × 220 缅瓦
木或竹挂瓦条 @170
木椽 @360

140

220

（c）

（b）

图 2-30　架构大样图
（a）木楼板构造；（b）木板
墙构造；（c）瓦屋顶构造

六、傣族民居的环境特征与造型特色

　　傣族竹楼在多数情况下各户皆以竹篱、绿化围合，自成一院，宅居院中相对独立，如同近代花园式住宅的布局，环境清幽而舒适（图 2-31）。宅的四周除前部通道及副业活动场地外，院落中大量种植果木、蔬菜，有的以丛丛的翠竹簇拥，有的以木瓜、香蕉等热带水果点缀，间或有高耸的椰子、槟榔树矗立，一派亚热带的田园风光（图 2-32）。有的村寨宅地较大，建筑密度低，院落内宅后甚至有水塘养鱼，更添环境的宁静（图 2-33）。至于在某些公路旁或山坡脚建筑密度较高的村寨，每户竹楼已不能各围一院，但竹楼之间绝不相连，相互之间隔以小路或有限的宅旁绿化，环境虽不如前者幽雅，但也颇为清静（图 2-34）。

　　傣族民居的造型特色可以概括如下：

　　（1）独特的形象。干阑式竹楼底层架空的支撑体系，短脊陡坡歇山屋顶的独特造型，各组成部分之间简洁的体形组合，光影变幻、虚实交替所产生的空间层次，使得傣族竹楼

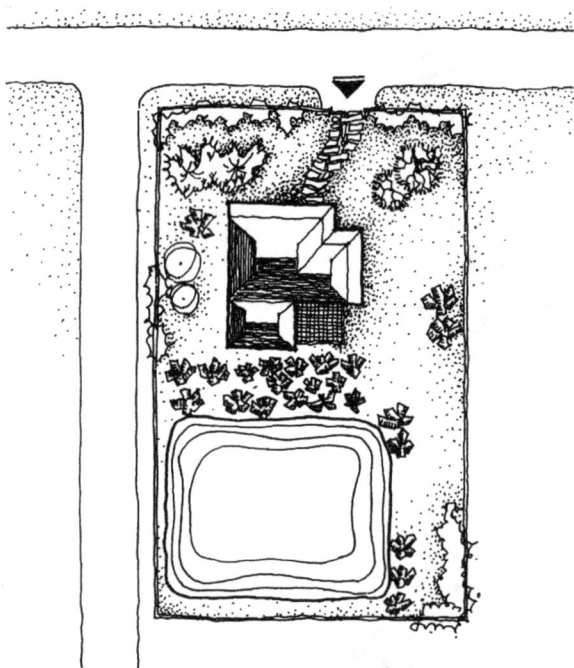

图 2-31　西双版纳傣族民居的院落布局

图 2-32　西双版纳傣族民居的环境之一

图 2-33　西双版纳傣族民居的环境之二

图 2-34　西双版纳傣族民居的环境之三

在绿化环境的衬托下产生了独特的建筑形象，挺拔而秀丽，稳健而轻盈，它有别于中国各地的民居建筑，自成一体，别具一格（图 2-35）。

（2）强烈的对比。竹楼翔实的上部横向空间与空虚的下部竖向支承，高大的屋顶与低矮的墙身，实而无窗的墙板与空而无墙的敞廊以及前廊、挑檐、重檐所造成的阴影与大面积屋顶的受光面之间产生了强烈的对比。这些上下、横竖、虚实、高低、大小、明暗、光影等等强烈的对比，使得竹楼给人留下强烈的印象（图 2-36）。

（3）丰富的轮廓。傣族竹楼的歇山屋顶本身以其脊短、坡陡而造成了优美的轮廓，加上组合手法的灵活多样屋顶高低纵横、错落有致，使得建筑轮廓异常丰富动人（图 2-37）。

（4）朴实的外表。傣族竹楼的用材极其简朴，木柱、木板墙、小片土瓦屋顶以及前

图 2-35　西双版纳傣族
民居独特的形象

图 2-36　外形处理上强烈的对比

图 2-37　丰富的轮廓

图 2-38　朴实的外表

廊椅靠栏杆等大小构件皆取材料的本色，不加任何涂抹，色调沉着自然；有时凉台以几根简陋的竹竿围护，参差不齐，更显亲切。整个竹楼没有浮躁华丽的装修，没有矫揉造作的线条，与自然环境极其融洽，相互渗透，外表朴实、亲切，以其内在的自然美而感人（图 2-38）。

　　傣族民居的造型特色与其民族的审美心理、审美习惯有着一定的关系。如傣族少女的服装喜欢简洁，不搞过多的装饰贴挂，以色彩鲜艳而强烈的对比引人注目，善于以紧身的服装体现人体本身的自然曲线美；傣族男青年过去也素有纹身的习惯，以其人体肌肤本身展示其勇敢剽悍。

　　然而，建筑造型的特色更多的与其地理气候因素有关。西双版纳村寨多数地处平坝，气候湿热，草木茂盛，虫兽较多。架空的竹楼对防洪水、避虫害、防潮湿等皆有较好的适应性，所以干阑的形式得以流传至今。对于防热的问题，通常解决的途径有二：一是加强通风散热，二是减少太阳辐射热。西双版纳竹楼高大的屋顶，封闭而不开窗的墙板，深厚的挑檐、重檐，对减少阳光的辐射热有巨大的作用，陡峭的屋顶使室内空间加大，这对通风散热也有一定的效果。所以尽管室外气候炎热，竹楼内却很荫凉，这与其造型有着密切的关系。

七、德宏地区的傣族民居

德宏州瑞丽一带的傣族民居与西双版纳的有所不同（图2-39）。在平面组成方面的差异主要表现在：

（1）楼下架空层较高（约2.5m左右），多以竹席作外墙围护，内部分隔成几间，分别用作畜厩（近几年也外迁）、舂米间、粮仓、储藏室等，近年也有用作商店、起居室等。这样，外观架空层已不复存在（图2-40）。

（2）楼梯设两个，一个是从室外到楼上的前廊（图2-41），一个是由楼下的厨房直通楼上客室。

（3）前廊已不如西双版纳的宽敞，只单檐覆盖，近似交通性外廊，一般已失去乘凉、待客、家务劳动的功能。另外在客室的西面为了防西晒，通常加一挑外廊。

（4）客室一般平面近方形，室内多无柱，外墙开窗，采光、通风大为改善，正对大门的中后部也有习惯设火塘的（近来多数已取消）。客室的一边墙上常设有佛龛（也有的设在前廊上正对楼梯处），佛像面西。客室内除铺草席保留席地而坐的习惯外，已有桌椅、橱柜、沙发等较多家具（图2-42）。

（5）卧室多数已分室，开始有床、衣柜等家具。

（6）凉台多与前廊平行并列，并在靠前廊的一角设一架高75cm左右带有披厦屋顶的台架，专用于放置水缸。

（7）已设专用厨房，位于底层一端，面积很大，内设有灶台及碗架等设施，除烹调外还可供主妇操作副业之用，平常全家亦在此间用餐（图2-43）。厨房空间很高，近似两层，有楼梯与楼上客室直接联系。

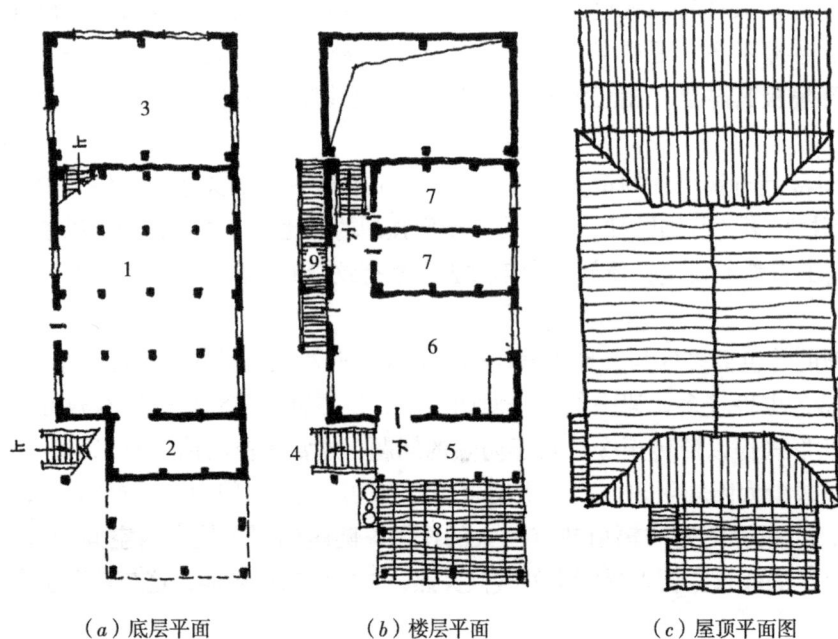

（a）底层平面　　　（b）楼层平面　　　（c）屋顶平面图

图2-39 德宏瑞丽的傣族竹楼的典型示例

1-杂用间；2-储藏室；3-厨房；4-楼梯；5-前廊；6-客室；7-卧室；8-凉台；9-挑外廊

图 2-40　瑞丽弄岛某傣族竹楼外貌

图 2-41　瑞丽广双某宅的楼梯

图 2-42　瑞丽双卯某宅的客室

图 2-43　瑞丽双卯某宅的厨房

图 2-44　瑞丽广双某宅的竹编外墙

图 2-45　瑞丽双卯某宅外貌

瑞丽的傣族民居在建筑材料及结构上亦与西双版纳的不同，总的来说比较轻巧、简洁。较原始的是草排屋面、竹编墙（图2-44），现在屋面已被邻邦缅甸进口的大片铁皮瓦（瓦楞铁）所代替。由于相对于黏土瓦屋面来说，铁皮瓦的屋顶重量轻得多，这样也减轻了整个房屋结构的负担，因为柱子少，柱断面也小，楼上下的室内空间也很爽朗，楼上的客室内基本无柱。墙壁过去多用的竹编墙现在仍有使用，但更多的是木板墙、清水砖墙、抹灰砖墙等，有时上下层墙壁用不同的材料。竹编墙利用竹篾正反面质地、色泽的差异编制出许多不同的花纹，有很好的装饰效果。竹编图案花纹现也常被提炼成一种符号用于外墙面窗间墙的抹灰粉刷中。

德宏州瑞丽一带傣族民居的造型除前述架空层已不复存在以外，屋顶虽为歇山形式，但脊较长，坡较缓，无重檐，较少有纵横屋顶的交错。外墙较高，开设门窗较多。楼梯檐口、挑廊的栏杆及门窗洞口有少量用木板雕琢成的装饰花纹。这样一来，整个建筑体形简洁，造型较为开朗、轻盈、纤巧（图2-45）。此外，从环境上看，瑞丽一带每户民居占地更大，建筑密度较低，周围果木更为浓郁，民居常常隐没在绿荫之中。

在德宏潞西县一带的傣那地区，由于交通较方便，经济较发达，历史上与汉族的政治、经济、文化交往较多，那里的民居既非干阑式竹楼，又不像瑞丽一带的民居，而是近似汉族的合院式平房或楼房。不过从其主房高高的地台及竹编外廊仍可看到它由干阑演变的痕迹。提高地台在湿热地区的防潮上虽不及底层架空，但也可适应防潮的需要。

八、从"贺新房"看傣族的居住观念

衣食住行是人类必要的生存要素，而住是生活中最重要的内容之一。对于傣族人民来说，住的问题在其民族生活中更是始终占据着特殊的地位。这一是由于傣族先民从山洞里走出来到河谷平原定居农耕的初期，首先碰到的是居住问题。这本与其他民族一样，可是傣族对此却有着种种记载，如创世史诗中"帕雅桑木底造屋"的传说，古代诗歌《抬木头歌》《斗楼梯歌》《闹火塘》《洗房柱歌》《燕子歌》的流传等等，可见一斑。二是由于从农耕时期起，衣物与食物比起狩猎时期已有了相对稳定的来源，而住房需要寻找、砍伐大量的木材，需要较高的技术，需要许多人艰巨的劳动，因而在每个傣族家庭的观念中住更是一件大事。三是因为傣族地区长期处于封建领主制度下，经济一直发展缓慢，就是现在建筑工业也比较落后，每个傣族家庭建盖住房仍然是依靠"一家盖房，全寨帮助"的互助方式。因而建房成了村寨中每年农闲时与家家有关的大事，建盖时大家帮助，建成后共同庆贺，场面十分热闹，这又加深了住房在傣族人民心目中的地位。正是由于傣族人民的这种居住观念，这就不难理解为什么傣族的叙事长诗《贺新房》从古代唱到中世纪，又从中世纪唱到近代（虽然各个时期唱本内容有很大演变），自问世以来，它便成了傣族歌手必唱的歌。凡盖新房者，必请歌手（"赞哈"）来唱《贺新房》；凡想当歌手，必须会唱《贺新房》。直到现在，仍然如此。

过去在傣族的建房活动中，原始宗教与神灵意识占据着重要的地位。在山中选择好中柱（男柱与女柱）的木材后，必须祭祀两棵树的"灵魂"；所找的宅地，必须由巫师或长老主持念经驱赶鬼神，祈求鬼神远离，保佑宅地平安。近代这类祭祀活动已逐渐淡化，但傣族人民对火神的崇敬却依然存在，火不但给人取暖、照明、熟食、烧荒种地，也是家族兴旺的希望所在。火塘在傣族民居中本来只起炊事作用，但是傣族人民一直把它当作傣族竹楼的灵魂。火塘是用木板钉成的，像一个没有盖的矩形木箱，在其上垫上芭蕉叶茎片，再填土压紧，在上面支垫铁三脚架。每个家庭新房盖好后，只有当三脚架安放妥当、点燃火种后，才宣告这个新居的正式存在。火塘有许多禁忌，如不得跨越，不能随意敲打，三脚架不得移动，不得断绝火种，不得焚烧不洁之物，甚至柴火从何方添加也有讲究。火塘旁的座次也有内外之分，里侧坐女成员，外侧坐男成员。

由于傣族全民信教，佛教信仰在每个家庭生活中占据一定的地位，不过在民居中的体现形式各地不完全一样。西双版纳地区每个家庭多不设佛龛，只是定期、轮流地为佛寺赕佛；而在德宏地区家庭多设有自己的佛龛。

傣族民居施工的互助方式使得傣族人民在建房过程中一直存在着一种群体观念。这种群体观念过去是通过村寨中的头人（"乃曼"）出面号召与组织。建房者在山上备好木料后要向头人献礼，由头人通知全寨各家出动，一两日内就把木料从山里全部运回村寨；起房立柱、动工兴建时，再次向头人献礼，又通过他通知全寨各家自带工具前来帮助，有的甚至送来草排，数日内就将房子盖成。过去的这种方式虽然是原始经济残余的反映，但也体现了傣族人民互助友爱的良好社会风气。如今随着时代的发展，搬运木料、新房施工既不需要头人号召，也不需要全寨出动了，但却仍然存在着几户之间自愿的相互支援。

既然建房过程中有全村寨的帮助，那么新房建成后就少不了主人的答谢与共同的庆贺，这就产生了"贺新房"活动。贺新房是一个非常隆重的仪式，即在新房落成的当天，由主人宴请远近亲朋，全寨乡亲都来庆贺。贺新房一般从中午开始，乡亲们帮新房主人把帕垫、箱子、被盖等抬上新房安放妥当，女主人在火塘上安起铁三脚架，烧起火，放上铁锅，宾客们开始饮酒欢庆，特别请来的"赞哈"唱起《贺新房》歌（图2-46），乡亲们向主人祝贺、送礼，有的还要举行拴线仪式，预祝新房主人从此以后大吉大利。人们兴高采烈地庆贺到深夜才逐渐散去。贺新房既是对主人获得新居的祝贺，又反映了人们对美好生活的向往，

正如《贺新房》叙事长诗的结尾部分所唱的："祝贺主人的新房，像金岩字一样牢固；祝贺主人的福气，像江水一样长流；祝贺主人的财产，像江水一样源源不断……"人们把新房的落成不仅看作家庭新生活的开始，而且是今后事业发展的基础与希望。

长期以来，建盖竹楼不仅是傣族人民的一种物质需要，而且也倾注了他们的精神寄托。

图2-46 赞哈在唱《贺新房》
（来源：《THE DAI》）

西双版纳傣族的宗教意识与村寨布局[①]

西双版纳的傣族是个有着强烈宗教意识的民族，这与其所处地区的经济、社会、文化形态有着密切的关系。傣族的宗教意识突出地体现于对原始宗教的崇拜及对南传上座部佛教（俗称小乘佛教）的信奉，这种崇拜与信奉在傣族的民俗中在不同时期分别占据着主导地位。

—

原始宗教是人类新期的产物，它首先起源于对自然现象的迷惑不解而产生的自然崇拜。傣族的自然崇拜对象包括一切对生产、生活具有巨大意义的自然物和自然力，如太阳、雷雨、水、火、土地等等，它们被认为有一种看不见的神灵在暗中发挥作用。有了神灵意识之后，接着便产生了神。傣族的第一个神是如何产生的？据《谈寨神勐神的由来》一书解释，傣族的第一个神是猎神沙罗，诞生于傣族原始社会的最早的狩猎时期[②]。随着猎神的出现，其他相关的山神、树神、水神、天神、地神等陆续诞生。于是，上山打猎之前要祭祀猎神，祈求保佑；树神、山神受到崇拜，神树、神山（林）禁止砍伐；水稻农耕长期为傣族的主要谋生手段，地母（土地之神）受到人们的虔诚祭祀；水在农业生产及日常生活中必不可少，祭水的仪式也十分隆重。特别是火，它在傣族人民的心目中是圣物，火不但给人取暖、照明、

图3-1　傣族民居中的火塘

---

① 本文为参加"第二届中日建筑传统与理论学术研讨会"（1992年，天津）在《中国南部傣族的建筑与风情》（THE DAI Or the Tai and Their Architecture & Customs in South China）一书第一章"宗教意识与傣族村寨"的基础上缩写的一篇论文，由笔者与孙茹燕共同完成，写于1992年5月，刊入该会会议论文集。

② 西双版纳傣族自治州民族事务委员会编：《傣族文学简史》，81页，昆明，云南民族出版社，1988。

熟食、烧荒种地,而且是家族兴旺的象征。为了对火神表示崇敬,每个家庭的火塘(图3-1)都有诸多禁忌,如不得跨越,不能随意敲打,三脚架不得移动,不得断绝火种,不得焚烧不洁之物等等;确定村寨范围也要借助火的"神力"和"意志",相传建寨定址后先烧掉场地上的芦苇,火在何处熄灭,寨边沿就定在何处。由此可见,傣族先民从游猎到定居农耕的艰苦历程中,始终与自然神灵有着千丝万缕的联系。

地域神崇拜也是原始宗教的一种反映,傣族社会基本上是以地缘组织为基础的。傣族把最早建立村寨的人,或对村寨建设作过重大贡献者,以及本村寨古代的杰出人物当作村寨的守护神来崇拜,即"丢拉曼"(寨神)。祭祀寨神绝对是本村寨的事,不但隆重庄严,且不许外人(甚至上层统治者)介入,村寨的四门要用树枝、竹排等物叉封,村寨周围用草绳或白线圈起形成象征性的"寨墙",以阻止本寨成员外出及防外人误入。若干村寨组成的"勐"也有社神,称为"丢拉勐"(勐神)。勐神即部落神,是建勐有功的英雄人物,也可能是部落酋长的化身。勐神由该勐各村社共同祭祀,祭祀时同样用树枝、竹排等物封住通往外勐的路口,插上标记,以防外勐成员闯入。傣族的地域神是封闭的、排他的,残留着原始公社、原始部落的遗迹。

相传古代傣族祖先的首领帕雅桑木底为了定居平坝、建立栖息场所,制定了五条规矩:一是每个寨部要立一寨心,这个寨心任何人都不能随意移动,寨心不烂,寨里的人就不能分散;二是每个寨子都要设四道门,所有的人都要从这四道门出入,不能到处乱走……[①]寨心是村寨的灵魂,其标志有的是大树,有的是石块(图3-2),也有的是用竹排围起的土台,它们不许随意蹬踏、毁坏。对寨心的祭祀每年一次,由管理寨神象征物的召曼或乃曼主持不定期的祭典。寨门的作用是为防鬼怪恶灵的侵入,以保护村寨的安康,因此在以三根竹或木搭成的简陋的、象征性的门上,常设有木刀或其他咒物(图3-3)。寨门设东南西北四道,正门在东。寨门每年都要定期修补一次,通常在祭寨神之前完成。不论是立寨心,还是设寨门,实际上都是原始宗教地域神崇拜意识的体现。

此外,傣族每个家族都有自己的家族神,称"丢拉哈滚",供奉在本家族最老的家庭中或该家族共同修建的小房中,由家族长主持在全家族范围祭祀。祭祀共同的祖先,加强

图3-2 傣族村寨的寨心

图3-3 傣族村寨中古老的寨门

---

① 西双版纳傣族自治州民族事务委员会编:《傣族文学简史》,79页,昆明,云南民族出版社,1988。

了家族成员彼此血缘关系的认同和维系。

由于地理、历史种种的原因，傣族社会长期处于缓慢的发展中，科学技术的进步受到严重的束缚，因而自然崇拜得以长期存在，直到近代仍未消失。而傣族社会发展的不平衡性，又不同程度地同时保留着原始的家族公社、农村公社和部落组织的痕迹，使得家族神、寨神和勐神同时存在，使祖先崇拜、地域神崇拜的习俗与自然崇拜一起延续至近代。

在现代，随着整个社会的急速发展，也加快了傣族地区的发展进程，原始宗教崇拜的祭祀活动，如今已很难见到，然而它们至今仍保留着种种痕迹，如寨心、寨门仍大量可见，火塘禁忌仍有残存等等，这些可视为原始宗教崇拜的活化石。

一①

原始宗教意识在傣族创始及后来的巩固定居和农耕制度中起到了一定的积极作用，但是随着社会的不断前进，它又成了社会生产力发展的障碍。到了一定时期，它终于被代表另一种意识形态的南传上座部佛教所代替。

上座部佛教据有关资料考证是由泰国、缅甸等国于公元6世纪左右传到云南境内的傣族地区②，而在傣族中广泛流行则是在15世纪中叶。佛教刚传入时，势力还很薄弱，后来经过和原始宗教漫长激烈的斗争，才逐渐取得优势。一些傣族神话传说生动地反映了这段历史③。

15世纪傣族社会已进入封建领主时期，阶段矛盾比以往更为激烈。上座部佛教倡导对现实消极忍耐、妥协调和、逆来顺受、祈求"天国"保佑的主旨，正适应上层封建农奴主缓和阶级矛盾的需要；而其主张脱离尘世、自我修行、"赕"④佛积善、以修来世等教义，在乐善好施、性情温和、安于恬静生活的傣族人民看来又正是在阶级社会中寻求精神安慰的一剂良药，几方面的原因，促成上座部佛教最终战胜原始宗教而占据了傣族社会的统帅地位，成为傣族全民的统一宗教。

正因全民信奉佛教，佛事活动频繁，因而在傣族聚居地区几乎每个村寨都有佛寺（图3-4），西双版纳每个傣族男子一生中都要过一段出家为僧的佛寺生活，少则1~3年即可还俗，有的终身为僧。即使是最高统治者召片领，在其童年时期也有削发为僧的经历。未出家做过和尚的人，会被人看作无教养、不开化、没学问，甚至难以娶妻成家；反之，级

① 这一部分引用了研究生付勤同志调查整理的部分文字资料。

② 对佛教传入傣族地区的时间问题目前学术界仍有争论：一说为公元前1世纪，一说为公元3~5世纪，一说为6~7世纪，一说为13~14世纪等等。本文据张公谨：《傣族文化研究》，76页，昆明，云南民族出版社，1988。

③ 传说，释迦牟尼派了一个"帕拉西"（野和尚）来傣族地区传教，他请求傣族原始宗教首领之一帕雅桑木底分他点地盘。帕雅桑木底看看他的模样，不像本地人，就把他轰走。帕拉西又苦苦哀求："我不会给你们带来什么伤害的，你不让我住平坝里，那就让我住到山林里也行。"左说右说，帕雅桑木底心软了，就划了一片山林给他居住。后来，帕拉西以这里为基地，不断地向周围的人说法讲经、宣传教义，吸引了不少听众，势力逐渐壮大了起来。等到他站稳了地盘，扩大了影响之后，释迦牟尼就来到这个地方。他命令原始宗教的各神都来向他跪拜，宣布他是最高的神。这时，只有谷神奶奶高昂着头拒不跪拜，她说："我们的祖宗布桑该雅桑宣布过，我是最高的谷神，是所有神中最重要的神，我不能向你下跪！"释迦牟尼一生气，下令把她开除神籍，谷神奶奶就飞走了。这样一来，人们没有谷神，种不成庄稼，没有粮食吃，天下就乱了起来，没有办法，释迦牟尼只好又把谷神奶奶请回来（据《傣族文学简史》第209页。）

④ "赕"是傣语，一切奉佛活动傣语都叫"赕"，现在在有关傣族社会历史的文章或资料里已习惯用这个字。

图 3-4　傣族村寨中的佛寺

图 3-5　傣族佛寺中的小和尚

别越高的僧侣社会地位越高①，即使还俗也能受到社会的尊敬。这一宗教习俗与泰国、缅甸等信奉上座部佛教的国家类似。这种习俗至今基本保留（图 3-5），只不过近几年已开始有少数儿童不当和尚了。

图 3-6　赕佛

傣族多数重要节日都与佛教有关，在这些节日期间，要举行各种大大小小、名目繁多的祭祀神佛，向佛寺、僧侣布施的活动，此即称为"赕佛"（图 3-6）。例如傣历新年（即"佛诞节"，俗称"泼水节"）期间，人们要隆重赕佛以后才相互泼水祝福新年。傣历九月十五日至十二月十五日（公历 7~10 月）是傣族的持戒斋期，斋期中要诚心奉佛，不重娱乐，不出远门，不盖房舍，不事婚嫁，和尚、佛爷、僧侣不许还俗。斋期始日（称"关门节"）及满日（称"开门节"）都要举行隆重的赕佛仪式，由信徒备办丰盛的斋食、用品，布施给僧侣享用。斋期内每隔七天为一"戒日"（三个月内共有十二次戒日），老年信徒身着白衣入寺修行一昼两夜，持斋坐禅、听经祈祷，是为"小赕"。斋期还有一"大赕"，称作"赕坦木"，即赕经书，由信徒出钱请人刻写经书送到佛寺请佛爷吟咏，家人跪拜聆听，然后献给佛寺保存流传。"赕坦木"也是最隆重的佛事活动之一。此外还有敬祭佛塔的"赕塔"，送儿童出家入寺的"赕路皎"，向僧侣捐赠黄布做袈裟的"赕帕"，向佛寺捐赠谷物以感佛恩的"赕毫轮瓦"，栽插完稻秧、祈祷丰衣足食、人畜平安的"赕打疗"等等。其他再如建佛寺、树佛塔、塑佛像、婴儿取名、亡人安葬、许和尚、许佛爷等皆需要"赕"。赕佛活动几乎涉及傣族生活的方方面面，贯穿着人的一生。傣族认为赕佛是修善积德、忏悔"罪过"，以便死后顺利升入天堂的重要途径。因此不惜节衣缩食，将自己的剩余财产粮食毫不吝惜地赕给神佛。由以上可见佛教对傣族社会的影响，以及傣族人民对佛教的虔诚。

---

① 西双版纳的僧侣有明确的等级之分，除了 7~10 岁入寺学佛规佛经的"可勇"（预备和尚）以外，大致有七等："帕"（和尚）、"都"（佛爷）、"祜巴"、"沙弥"、"桑卡拉扎"、"松领"和"阿门里"。"祜巴"以上均为高级僧侣，其中最高一级的"阿里门"由召片领任命学识最渊博且与召片领有血亲关系的僧侣担任。

三

文化是人类住屋形式的决定性因素之一[①]，宗教意识作为一种社会文化现象，它必然对人们的居住形态产生重要的影响作用。无论是原始宗教或上座部佛教，它们对傣族的村寨布局都产生着重大的影响。

前已阐述，在原始宗教发展初期，傣族祖先的首领帕雅桑木底为了巩固定居农耕的制度，制定了"立寨心"、"设寨门"等等的规矩。寨门的设立，即划定了村寨的范围与规模；凡有寨心的地方，为了祭祀活动的需要，必然有一片场地，这也就成了村寨的中心活动场所，它给村寨注入了不少生机，带来了人们更多的交往。仅此，即构成了一种较为原始的村寨形态，其布局如图3-7所示。

当上座部佛教在傣族地区占据了主导地位以后，这对村寨布局产生了一次不小的变革。佛教立足，佛寺便大量出现，据有关部门调查，现西双版纳地区80%左右的村寨都建有佛寺，少量因经济原因未建佛寺的村寨则共用邻近村寨的佛寺或去中心佛寺。这些佛寺一般说来体量较大，屋顶高耸，色彩绚丽，装饰精美，它们或立于村口，或位于寨边，或耸于寨后高地，雄踞于一片朴素的民房之上，十分醒目（图3-8）。一般的佛寺皆有佛殿、僧舍、鼓房，中心级的佛寺还设有经堂，还有的佛寺中包括有佛塔（佛塔也可独立设置）。在村寨内佛寺是人们经常进行佛事活动的中心，因而除本身占有大片的用地之外，佛寺前通常还留有大片的广场，这无疑又为村寨注入了新的活力。

尽管佛教占据了主导地位，但原始宗教有漫长的历史，在傣族人民中仍有一定的影响，不可能一下子被彻底铲除，因而在相当长的一段时间内，代表佛教的佛寺与代表原始宗教的寨心、寨门在傣族村寨中同时存在，二者位于不同位置，互不相干。这种情况延续至今依然可见，其村寨布局如图3-9所示。这也说明，相对于原始宗教的封闭、排他而言，佛教具有开放、兼容的一面。不过随着时间的推移，寨心在村寨中的地位已经越来越淡化，甚至已被人遗忘，祭祀活动更是少见了；而佛寺地位则很突出，至今佛事兴旺，赕佛时更盛。二者主次明确、盛衰鲜明。

在西双版纳傣族地区，由于传统的宗教意识所限，加上长期以来经济发展缓慢，傣族

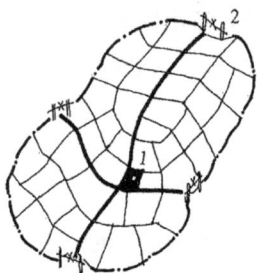

图 3-7 原始宗教影响
下的村寨布局示意图

1- 寨心；2- 寨门

图 3-8 佛寺在村寨中居于醒目地位

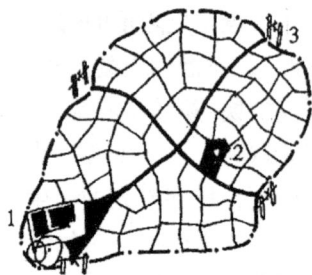

图 3-9 佛教影响下的
村寨布局示意图

1- 佛寺；2- 寨心；3- 寨门

---

① （美）拉普普著，张玫玫译：《住屋形式与文化》，台北，境与象出版社，1979。

的村寨布局至今仍多带有自然经济条件下的自发性。村寨中，从寨门通向寨心、佛寺皆有一些自然性道路；一般在村口、寨心与佛寺的门前都有一定的广场，广场上多有高大的菩提树或榕树覆盖，造成自然的但缺乏修整的休憩环境；民居沿条条纵横道路均匀布置，屋脊方向在一个村寨中基本一致（坡地上沿等高线布置的村寨除外），且与佛寺的屋脊垂直或成某个角度，以突出佛祖；村寨按自然地形自由布局，不强调群体轴线及对称布置；村寨的规模不大，一般以 60~80 户者居多，少者二三十户，多者百余户；村寨位置的选择一般近水（有河流在旁），并尽量靠坝子边沿或坡脚布置，以利于田野的完整及土地的利用；每个村寨都有水井 1~2 个，供全村寨饮用，水井多避开村寨排水方向，且有三面封闭、一面开口的亭式构筑物覆盖，以利于水质保护。这种自发性的村寨布局符合一定的规划原则，满足一定的功能要求；但是也必然存在许多问题，如：道路组织零乱，方向性不明确，不畅通，入户道路不明显；村寨内皆无组织排水，没有下水道，道路、广场为纯土路面，雨时一片泥泞，干时尘土飞扬，村寨卫生条件较差；商品经济不发达，村寨中商业及公共服务设施极少；建筑密度缺乏控制，在远离城镇及公路的村寨（如勐罕的曼听、曼苏满）建筑密度很低，房屋隐没在郁郁葱葱的竹林与热带植物之中，非常优美；在公路沿线的村寨（如勐海的曼磊、曼恩）随着人口增长而密度无限加大，房屋紧密毗邻，防火性能较差。

傣族的村寨布局与傣族强烈的宗教意识有着密切的关系，使得村寨形态的发展变化甚为缓慢。如今随着经济的发展，虽然有了不同程度的变化，但绝大多数的傣族村寨仍保持着那比较自然、朴实、纯净但却原始、落后的形态，宗教意识的强烈影响依然可见。

云南彝族山寨　井干结构犹存①
——大姚县桂花乡味尼乍寨闪片式垛木房民居考察记

中国的木结构体系一向为世界所瞩目。在抬梁、穿斗、井干式三种不同的结构方式中，抬梁及穿斗式使用最广并一直延续至今，而井干则因其耗费木材已日趋减少，如今除少数森林地区零星使用外已很少见到。

所谓井干式即"用天然圆木或方形、矩形、六角形断面的木料层层累叠，构成房屋的壁体"②。此种结构的房屋早在汉时即有（图4-1），它在建筑史中曾占有一席之地；然而鉴于其日渐泯灭，建筑史书上一直记载不多。刘敦桢先生在其《中国住宅概论》③及刘致平先生在其《中国居住建筑简史》④书中曾有提及（图4-2），云南省设计院的《云南民居》⑤一书也有一小段简述宁蒗的井干式木楞房，但皆笔墨甚少；直到最近王翠兰、陈谋德同志的《云南民居续篇》⑥才对普米族的井干式木楞房有稍多的介绍。

图4-1　汉代的井干结构

图4-2　云南南华县马鞍山井干式住宅

（a）透视

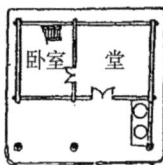 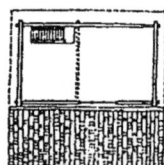

（b）底层平面　　　（c）楼层平面

①　本文是在1994年4月对楚雄大姚县桂花乡垛木房作专题考察后所写的一篇论文，随即参加"第五届中国民居学术会议"（1994年5月，重庆），并在会上宣读；后刊载于《中国传统民居与文化》（第五辑）（中国建筑工业出版社，1997年1月）。

②　刘敦桢：《中国古代建筑史》，6页，北京，中国建筑工业出版社，1980。

③　刘敦桢：《中国住宅概论》，29页，北京，建筑工程出版社，1957。

④　刘致平：《中国居住建筑简史》，64页，北京，中国建筑工业出版社，1990。

⑤　云南省设计院：《云南民居》，206页，北京，中国建筑工业出版社，1986。

⑥　王翠兰，陈谋德：《云南民居续篇》，160页，北京，中国建筑工业出版社，1993。

图4-3 丽江地区的井干式
木楞房

笔者 20 世纪 80 年代初在滇西作民居调研时也曾零星地拍摄了一些井干式房屋照片（图 4-3），但并未多加注意；最近笔者在云南大姚县考察彝族民居时却惊奇地得知大姚县桂花乡味尼乍寨如今全寨尚保存着成片完整的井干式垛木房，于是在当地城建局同志陪同下带领数名毕业班学生前往考察、测绘。现将考察所得记载于下，以补井干结构资料之匮乏。

———

大姚县属云南楚雄彝族自治州，大姚的北部山区昙华、桂花等乡是彝族聚居地，也是彝族民间文化比较丰富的地区之一。从距县城约 80km 山路的桂花乡再乘吉普车艰难地行走个把小时来到自必左村公所，然后徒步爬山近两个小时才到达半山腰中的味尼乍寨。这里海拔 2680m，在楚雄州最高的大白草岭主峰（海拔 3657m）的东南坡。

味尼乍寨现居住着 50 户居民，计 265 人，全部为彝族（图 4-4）。全寨民居随地形相对集中为四片，目前除一所小学外，全部民居皆为井干式的垛木房（图 4-5、图 4-6）。据当地乡干部介绍，这里垛木房的建盖有较长的历史（现存民居年代最久的为 80 多年），并且其屋顶的演变经历了从松毛顶到麻秸顶、闪片顶、瓦顶四个阶段。松毛顶现已不见，麻秸顶这次在昙华乡尚有见到（图 4-7），味尼乍寨没有；味尼乍寨目前近乎清一色的闪片式垛木房（图 4-8），瓦顶只有两幢（图 4-9）。因此这里的井干式垛木房较前述书籍中记载的瓦顶木楞房更显古老。该寨民居不仅住房为闪片式垛木房，而且各家的牛马厩、猪羊厩、鸡厩等全部都是（图 4-10、图 4-11）。此处尚有几家正在盖的新房也是闪片式垛木房（图 4-12）。

味尼乍寨的彝族居民一般在子女成婚后即另选地盖新宅，只留最小的儿子与父母同住。随着人口增多，村寨不断发展扩大。因系山地，村寨发展呈不规则状，只是部分相对集中，并且依赖于耕地及水源（图 4-13）。

图 4-4　味尼乍寨的彝族妇女及儿童

图 4-5　大姚县桂花乡味尼乍寨远眺

图 4-6　大姚县桂花乡味尼乍寨鸟瞰

图 4-7　大姚县县华乡的麻秸顶垛木房

图 4-8　味尼乍寨的闪片式垛木房

图 4-9　味尼乍寨的瓦顶垛木房

图 4-10　味尼乍寨中的牛马厩

图 4-11　味尼乍寨中的鸡厩

图 4-12　味尼乍寨正在新建的闪片式垛木房　　图 4-13　味尼乍寨的彝民取水

二

味尼乍寨的彝族民居一般每户有一不规则的院落，院落随坡地自由布局，无明显的围墙。住房一般两幢（常为不同时间所盖），多朝东南或西南向；随着生产的发展，牛、马、猪、羊等畜圈不断在住房周围向外扩展，一般不紧靠住房而独立建盖（图 4-14、图 4-15）。

民居的住房有较古老的平房及新建楼房两种形式。平房亦带较矮的阁楼（只作储藏用），无楼梯；楼房有固定靠梯上至二层，楼层较高，但亦主要为储藏用，不常住人，楼层走廊可作副业或晾晒谷物。不论平房或楼房皆只有门而无窗，采光极差，加之长期火塘烟熏，室内极为昏暗。室内地坪为自然土地面，底层门槛甚高（约 40cm），以防牲畜进入。

住房平面形式一般为矩形，面阔限于木材长度最长达 7m（可分为两间），进深 3~5m，

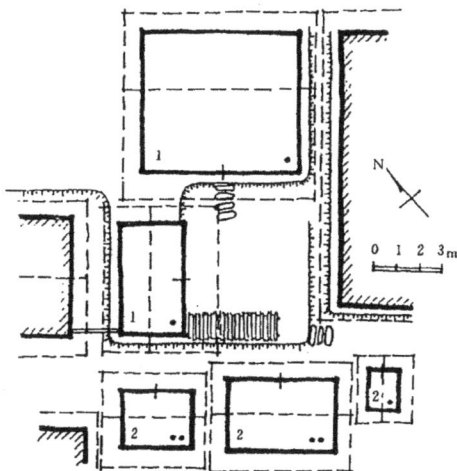

图 4-14　味尼乍寨某宅总平面
1—住房；2—畜圈

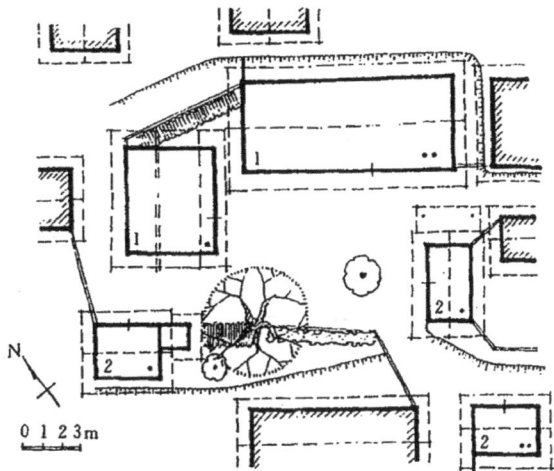

图 4-15　味尼乍寨李宅总平面
1—住房；2—畜圈

门居中或稍偏左。较古老的住房通常在面阔范围内分为左、中、右三个部分（图4-16）。中间2~3m宽的空间为"堂屋"，无甚家具，只有迎门面靠后偶尔放有桌椅。右部2m多宽的空间为卧室，靠前、后墙一或两面支有木板床，两床头之间靠墙放有木柜，床边设一火塘；床与"堂屋"之间亦常有用箱柜"灵活隔断"的（图4-17）。左部1~2m宽空间多为用板壁分隔的谷仓，其离地约40cm以防潮，板壁上设可开启的小门作存取谷物的通道。住宅前后墙顶高离地约2.4~2.6m，离地2m以上设阁楼作储藏用；阁楼靠左、后、右三边墙，进门处留约2m×3m的空，通天，以上人，亦使进门后不至于感觉空间压抑。这类较古老的住房只有火塘而无厨房。

随着生活的发展，后来的住房多扩建有厨房。厨房多建在住房前部（图4-18），即将双坡屋顶的前坡加长2m多进深，另围以墙即可；后部住房的平面形式不变。这类住房虽因设厨房（内砌有灶）而使居住条件有所改善，但由于内外设两道门，住房室内更加昏暗。

近几年新建的民居除了由平房改为楼房，加设外廊以外，还常将厨房建在住房的一端，

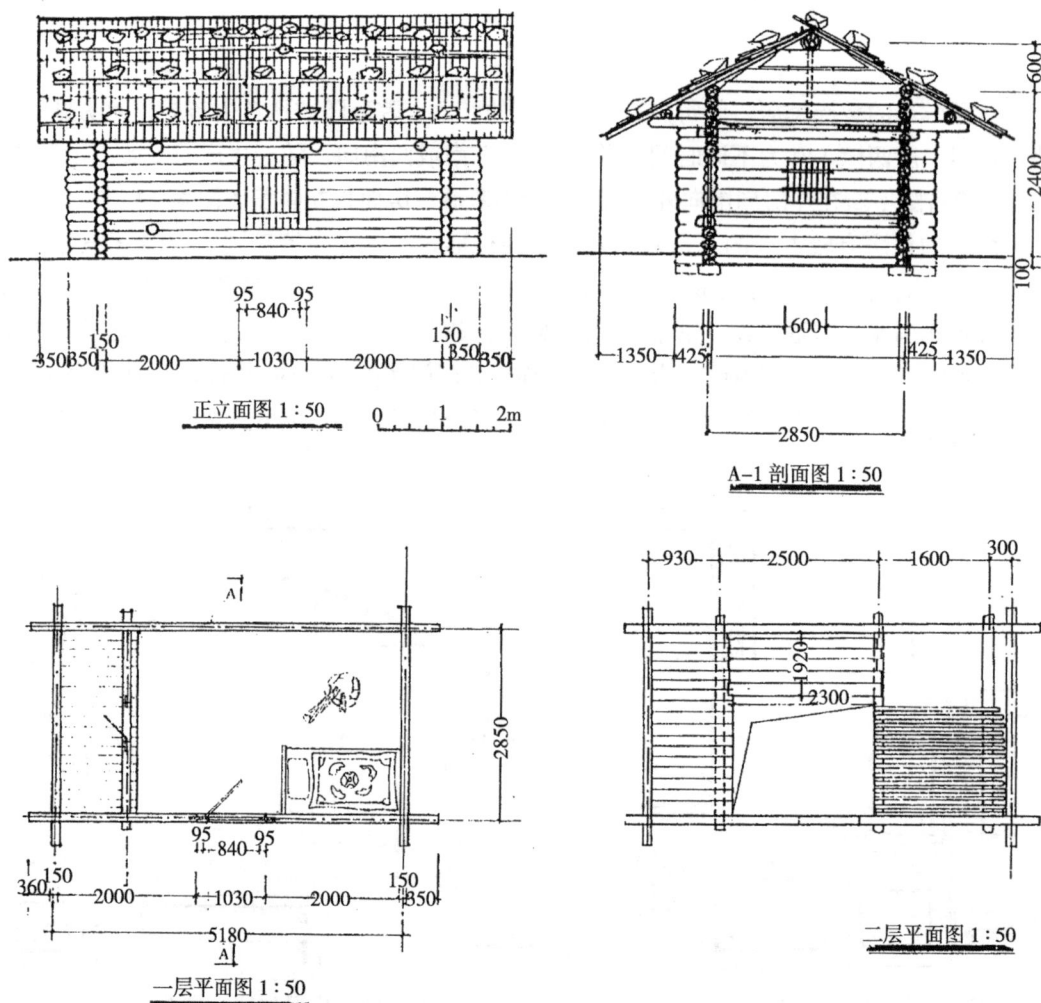

正立面图 1:50

A-1 剖面图 1:50

一层平面图 1:50

二层平面图 1:50

图4-16 味尼乍寨较古老的住宅测绘图

图 4-17　堂屋内的箱柜

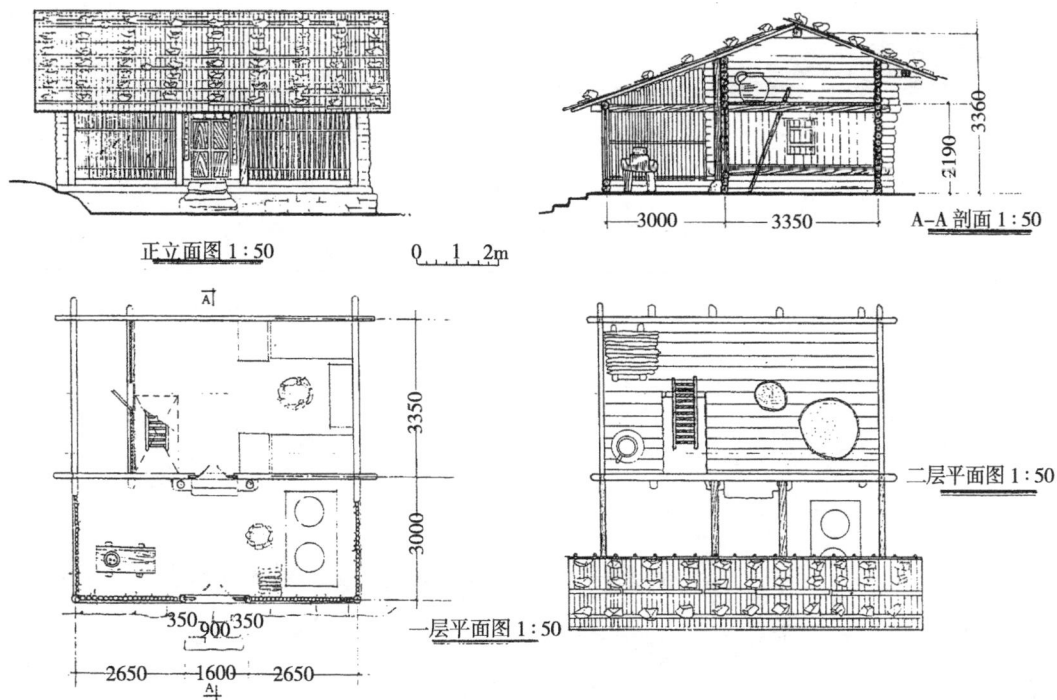

正立面图 1:50　　　　　0　1　2m

A-A 剖面 1:50

二层平面图 1:50

一层平面图 1:50

图 4-18　味尼乍寨某宅带有厨房的住宅测绘图

正立面图 1:50

0 1 2m

A—A 剖面图 1:50

一层平面 1:50

二层平面 1:50

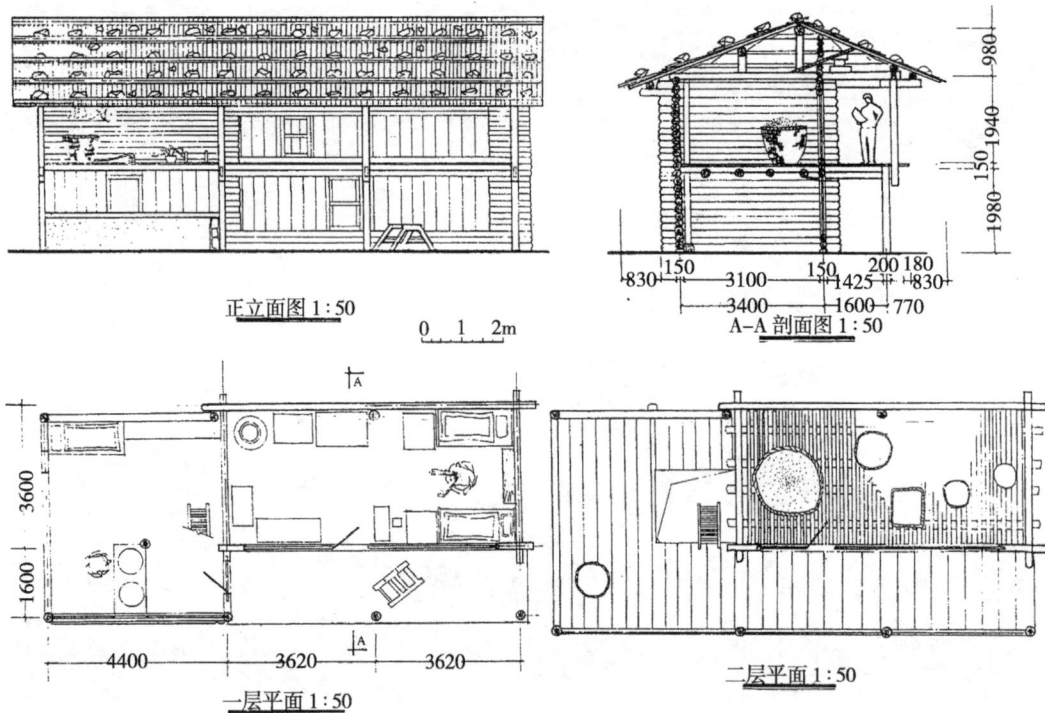

图 4-19 味尼乍寨李宅带楼层及厨房的住宅测绘图

图 4-20 味尼乍寨彝族民居门口的辟邪物

即将房屋纵向加长至 11~12m（图 4-19），前后墙的顶高达 4m 左右，这样住房规模加大，居住条件有所改善。不过底层主要住房部分除了外有通厨房的走廊以外，其平面形式仍基本未变。

此地民居不论火塘或灶，其燃料皆为木柴，因此每户皆储藏大量劈好的木柴，通常堆放在院落一角的棚下或住房山墙悬山下，一般悬山出挑较大，约 70cm 左右。

彝族崇拜虎，自称是虎民族，我们在其他彝族地区的民居中曾见不少虎图腾物，但在味尼乍寨未见。彝族奉行祖灵崇拜，常以葫芦象征其祖灵，因此对葫芦素很崇敬，此处亦有所见。此外，彝族民居常在门口、房后设有符咒等避邪物，此处亦然（图 4-20）。

三

味尼乍寨的彝族民居至今仍沿袭着较原始的井干式结构方式，即垛木墙、闪片式屋顶。

垛木墙是以长 4m 以上，当地产的松木用砍刀去皮劈成的截面为 14~15cm 见方，略为削角的方木累叠而成（此村寨不用圆木垒墙），方木间不用任何销接或粘结，结构的稳定完全靠四个墙角纵横垛木上下相互开槽咬接（图 4-21）。结点咬接有两种方式，一是上下双面开槽，一是单面开槽，这主要取决于方木放置时的平整性（槽多在施工现场开），一般多为前者，其扣接更为紧密牢靠。至于山墙山尖部位垛木因无纵向木料可扣，其稳定性只能靠上下垛木间的结合，一般是在中间开榫穿以垂直木枋，并在两端必要部分加暗木销（图 4-22）。垛木墙累叠时有横向缝隙透风雨，为此常在墙外侧缝隙处糊以牛粪或泥巴或泥巴加牛粪，因牛粪内有草筋可起防裂作用。

图 4-21　垛木间的咬接

图 4-22　垛木墙山尖处的处理方法

闪片式屋顶是采用木闪片作屋面的一种独特的屋顶。所谓闪片是用劈刀顺木纹劈成的一根根长约 100~120cm，宽 7~11cm，厚 0.5~0.7cm 的青松（或罗汉松）木板片（图 4-23）。屋顶的构造情况是：先在横墙上架檩条，檩条间距 140~170cm 左右，当房屋进深不大时只一条脊檩即可；架 φ5~8cm 间距约 40cm 的木椽条；放纵向闪片，以篾皮与椽条绑扎；盖双层交错排列的横向闪片，这是主要的屋面防雨层，闪片搭接长度约 30~60cm，视从屋脊到檐口的排列情况而定；上压纵向闪片；再压石块，以防闪片下滑（图 4-24）。屋面的坡度一般 1:3.6 左右，较为平缓，故而闪片不用扣接，仅靠挤压也不会下滑。

垛木墙一般不设基础，只在施工前对场地略作平整，四角处垫以石块，墙下视缝隙情况再填以石块。墙角及室内自然土地坪的防潮主要靠闪片屋面深深的出檐（前后檐出挑及两端悬山挑出皆 70cm 以上）。屋顶檐口常在房屋地台以外，若无地台则对应檐下挖水沟，这样避免了地面水对墙脚及室内地坪的侵袭。

闪片式垛木房的优点在于因地制宜，就地取材，施工简便（全房构造上无一颗铁钉），抗震性能好（据当地人士称可抗 8 度）。然而不言而喻，耗费木材及防火性能差是其主要问题。据计算，仅垒墙的 φ15cm 左右的垛木，长 4m 者 17~18 根或长 7m 者 10 根即需 1m³ 的木料，一幢垛木房住房整幢盖下来需要十多立方米木料。

图 4-23 作屋面用的木闪片

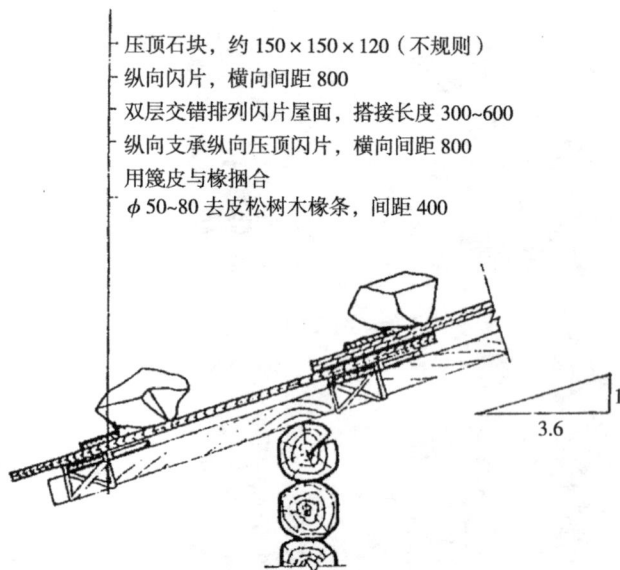

压顶石块，约 150×150×120（不规则）
纵向闪片，横向间距 800
双层交错排列闪片屋面，搭接长度 300~600
纵向支承纵向压顶闪片，横向间距 800
用篾皮与椽捆合
φ50~80 去皮松树木椽条，间距 400

图 4-24 闪片式屋顶构造大样

四

味尼乍寨全寨民居能完整地保留着井干式闪片垛木房，并且目前还在按此结构方式建盖新房，主要由于其处于山区，林木较多，而交通极为不便使得外界砖瓦砂石等材料难于运进来，因而盖住房只能依靠自给自足。

这种大片完整地保存下来的井干式结构的村寨在全国已不多见，在建筑史上有其特殊的研究价值，应加以保护。

展望未来，随着经济的不断发展，不论从保护林木或提高房屋的耐久性来说都不宜再大片建盖这种闪片式垛木房。从建筑史的研究角度出发，可以相应地保留一片，并将其开发作为一种旅游资源，对其不断加以保护、维修。然而更重要的是当地民居今后的发展如何从闪片式垛木房民居中吸取营养，利用新材料，适应新的生活功能，从而创造出一种富有本地特色的有别于外界的新民居，这乃是建筑界今后应进行研究的课题。

昆明文明街建筑特色探析①

城市的历史演进总是伴随着建筑的纷繁演变，昆明市的建筑在历史的演进中无疑也受到来自各方面的影响。就近代的居住与商业建筑而言，1910 年滇越铁路的修筑，带来了欧式建筑形式的影响（如金碧路商业建筑门面的拱券）；民族工商业的崛起，喜州帮、腾冲帮等富商云集昆明，带来了地方建筑的介入（如崇仁街静定巷原永昌祥商号带有喜州近代白族风格的大院）；两广商人广聚金碧路之金马坊附近，故产生带骑楼形式的同仁街；抗战期间一批近代建筑师如赵琛等来昆明开业，遂有"洋楼"式的公馆别墅出现……这些演变渗透着外地文化与本土文化的交融。

改革开放的近 20 年，昆明城市与建筑的急速发展更是受到来自国内外各种思潮、流派、形式的影响，变化急剧、五彩缤纷、目不暇接。然而在城市面貌巨大改观的同时，似乎也造成了某些本土建筑文化的断裂。正因如此，在昆明胜利堂前，由文明街、光华街、市府东街、景星街的围合，包括甬道街在内的这一传统特色浓郁的老街区至今幸存就显得尤为珍贵。

从元代的中庆城，明代的云南府城到清代、民国的昆明城，文明街片区都处于城市的中心地块之上。清末时，其北有总督署（甬道街即为其仪仗队排列之地），粮道署亦在此地，可见其地段的显著，它距城市中轴线正义路仅百米左右。今天，它既是老百姓感情深厚、密度甚高的老居住区，又是文化商品云集，地方特色鲜明，对外极富吸引力的繁华商业地段。这一带的建筑，沿街多为下店上宅的 2~3 层商铺，内部则多是二层的合院式民居。在这一片区中，文明街（亦称文明新街）更是最为典型、最具特色的一条街道，也是整个文明街片区突出的形象代表。

文明街系 1919 年前后辟粮道署所建，因附近的文明坊而得名。这里无论是临街的商业铺面，还是街坊内的民居，虽然局部装修也受到外来影响，但总体上仍保持着较强的本土风味。下面从四个方面来分析文明街建筑的特色。

一、平面的形制

文明街的商铺与民居除极少数三层外，基本上皆为两层。

临街多为条式建筑，十余开间组成一幢，每五至七开间设一封火墙。开间 3.6m 左右（大者 4.2m，小者 3.0m），进深 7~9m（个别达 10m）。这种临街条式建筑下层多为商店，楼上住人或作仓库，楼梯常设在后部（图 5-1）。

街坊内的民居多为两层的合院式建筑，三合院（如文明街 16 号）、四合院（如小银柜巷 7 号，图 5-2）或两院组合（如小银柜巷 8 号）。每院各坊向内院开设门窗，并设外

① 本文是应昆明市城建档案馆之约为《昆明历史文化名城保护——文明街片区营造探究》一书所写的一篇论文，写于 1998 年 12 月。

图 5-1　文明街店铺

图 5-2　文明街小银柜巷 7 号院天井
（来源：《昆明历史文化名城保护——文明街片区营造探究》）

廊，廊宽 1.2~2m，内院通常设有水池或花台。正房多朝南向，其地坪、屋顶皆比其他坊高。正坊一般五至七开间，开间 3.6~4.0m，进深 4.8~5.4m；厢坊三开间，开间 3.3~3.6m，进深 3.6~5.1m，个别更小的开间与进深皆因用地所限。开间与进深的尺度多随业主的经济水平及用地情况而定。大门的开启视街巷出入口而定，一般从厢坊进出（占一开间或一漏角），至于小银柜巷 7 号从正房的后墙开设大门系后来改造所致，并非原样。楼梯一般设在拐角处以利用暗间，同时便于联系各坊房间。每一坊的中间开间楼下为堂屋，其余为居室；厨房通常设在正坊的末间，进深减少，使漏角小天井便于采光与排烟，也有的不设小天井。

　　文明街民居的平面布局与昆明近郊典型一颗印民居虽相似而不相同，不同点有三：一是正坊至少有三开间向内院露明，内院尺度较大；二是楼层多为跑马转角楼，多了两侧厢坊的走廊；三是二层房间每间后墙各开一窗户，对外不完全封闭。这些都是适应近代城市生活需要所致。因此，文明街的民居因平面上的方整，虽也可泛指为"一颗印"，但不是严格意义上的典型的"一颗印民居"。

二、材料与构架

　　文明街沿街的条式建筑皆为砖木混合结构，而街坊内的合院民居则多为土木结构。

　　合院式民居整幢建筑以木构架承重；土坯墙作外围护墙，墙下用石砌勒脚，墙角用金镶玉手法（即外包贴面青砖）保护；黏土筒板瓦屋面；每坊的房间用木板墙分隔；各坊面向内院的面用木槅扇门或槅扇窗；廊柱下多用石柱础；木楼梯，木楼板，楼地面上也有铺花砖地面的（这也是近代做法），楼上楼下多数皆吊顶棚。

　　合院民居的木构架有穿斗式与抬梁式两种，山墙处多为穿斗式，而间墙处的构架有时省去中柱则用抬梁式。鉴于各坊面向内院皆有外廊，为防飘雨，屋面出檐较深（1.3~1.5m），于是需另加 1~2 根檩条支承，此檩条由穿坊的梁头及吊柱承托。

三、造型与立面

　　文明街临街铺面建筑的造型特征是老昆明传统商业街的典型体现之一。

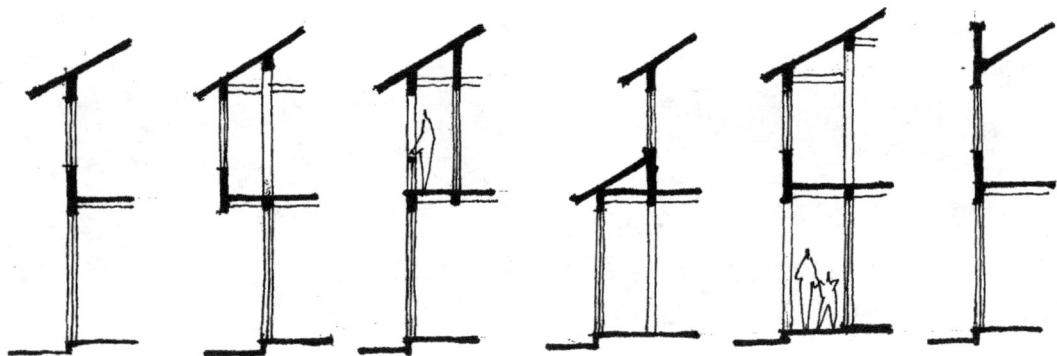

图 5-3　老昆明传统商业铺面的各种类型剖面示意

图 5-4　文明街口始建于清末年代的福林堂

图 5-5　文明街路口屋顶戗角处理

（来源：《昆明历史文化名城保护——文明街片区营造探究》）

老昆明较有特色的传统商业铺面大约有六种类型（图 5-3）：①两层直落式；②两层吊楼式；③两层退廊式；④重檐式；⑤骑楼式；⑥底层带拱券，屋顶有封檐女儿墙式（如原金碧路）。文明街的商业铺面多属第一种类型。此种类型由于两层直落，屋顶出檐较深，一是为了减少雨水对底层门面的侵袭，二是造型比例的需要。为此，檐下常有多层花板罩面（图 5-4）。

值得特别提及的是，上述六种类型中，第二、三、四、五类因上下层外立面不在一个面上，通过比例的权衡及阴影关系，立面较为丰富；第六种上下层虽在一个面上，但下层大跨拱券的弧线与上层小跨度的方窗亦对比强烈，同样丰富了立面的效果；唯第一种上下直落式如何避免单调则显得尤为重要，此时需处理好上下层门窗的形式与比例以及招牌的布局。这里以处于转角街口的"福林堂"为例加以分析（图 5-4）。"福林堂"为一声誉卓著的中药铺，三层直落式的立面极为简单。然而它将下层窗与上两层窗的形式作了不同的处理，取得了变化；上两层窗的形式相同但高度又有所不同，又取得了细微差别的效果；尤其中间转角窄跨的黑底金字招牌与楹联，既突出了入口重点，又打破了立面的单调；两边二层窗台板上四幅白字药材广告（每跨一幅），既强调了建筑的性质，又起到了分割上下段比例的作用。这是一个既简单又富有变化，既统一又有所对比，处理得非常恰到好处的立面实例。

在昆明市的传统商业街中，转角处屋顶的大戗角处理也是极富特色的，这种戗角有圆弧形、多边形、直角形等等，处理上有时高于周围屋面（如福林堂），有时以毗邻的高耸封火山墙为背景，各处因地制宜、手法多样。例如文明街与光华街交叉口（福林堂所在路口）四个角的戗角处理即各不相同，非常丰富（图5-5）。

四、装饰与细部

文明街传统民居与商业铺面的装饰及细部也是值得探讨的，它包括以下几部分：

（1）门楼。一般门楼的形式与尺度最能反映出该院民居主人的身份、地位及经济水平，有的简朴（仅有一披檐，无甚装饰），有的华丽（门头以木构梁架承托筒板瓦屋顶，檐下多层花罩装饰，门脚有时还以精美的石雕线脚装饰）。同时，昆明许多民居的门楼也最能反映出它们受外界近代建筑影响的程度，文明街也不例外。例如小银柜巷8号的大门门楼运用了近代风格的拱门、石雕及贴面瓷砖；8号套院中的四合院的门楼除了装饰花纹极其丰富与细腻之外，还明显带有伊斯兰的风味（图5-6）。

（2）照壁。三合院中面向正房一坊的为照壁，故亦称三坊一照壁。此照壁多为一滴水或三滴水檐顶的一副实墙，正中书写有"福"、"紫气东来"等吉祥语。照壁前为花台、水池等。盘龙文化馆的照壁亦然，不过它又在照壁顶上加了一排栏杆，明显反映出受近代影响的痕迹（图5-7）。

图5-6　文明街小银柜巷8
号院二单元门楼花饰
（来源：《昆明历史文化名城保护
——文明街片区营造探究》）

图5-7　文明街11号院照壁
（来源：《昆明历史文化名城保护——文明街片区营造探究》）

图 5-8 文明街 11 号院槅扇门花饰
（来源：《昆明历史文化名城保护——文明街片区营造探究》）

图 5-9 文明街 11 号院吊柱及柱头
（来源：《昆明历史文化名城保护——文明街片区营造探究》）

（3）门窗槅扇。昆明传统民居通常每坊面向外廊的正房由六扇木槅扇门隔断，次间卧室由木槅扇窗进行隔断，它们是传统民居中最为讲究的装饰重点。木槅扇门窗的雕饰非常精美，构图严谨，有漏雕、浮雕等多种形式，油漆也有清漆、金粉漆等不同做法；其繁简、油漆与雕刻水平甚至可以反映主人的身份、地位及富有程度。盘龙文化馆的门窗槅扇即可证明。值得指出的是昆明近代民居的木槅扇门窗已经大量使用玻璃，盘龙文化馆甚至使用了压花玻璃以及带书法的腐蚀玻璃（图 5-8），足见其主人当是不同于一般的身份地位（原为某师长的府邸）。

（4）梁头、花板。梁头是一般木构架必须装饰的地方，文明街的民居及铺面亦然。在昆明民居与铺面中，因深出檐而在附加檩条下及椽头设置的 2~3 层花板罩面以及垂花吊柱的装饰是颇具特色的。一般梁头雕琢成

图 5-10 文明街小银柜巷 8 号院柱脚及柱础
（来源：《昆明历史文化名城保护——文明街片区营造探究》）

兽头，吊柱下端雕成带缨垂球，罩面花板面层浮雕有花草（图5-9），它们的油漆或为清漆，或为金粉漆，或为彩画，福林堂即用彩画。

（5）栏杆、柱础。民居及铺面的楼层外廊栏杆多为直条多节圆柱杆状，比较单一，但明显带有近代建筑的特征。文明街一带的民间因多为两层跑马转角楼，屋檐较高，为防雨水反溅，柱础多用高脚式石柱础（高度大于60cm），雕琢样式多种多样，往往每对柱一种形式，一院房屋中共有3~4种式样。

（6）门柱脚的雕饰及山墙檐的线脚。这在文明街民居中较为突出。门柱脚的雕饰有时非常讲究，用石雕琢出复杂的线脚（图5-10），其间又有不少狮虎瓜果等石雕，这在其他地方民居中不太多见。立面两端山墙檐口之下通常用凹进砖砌线脚进行修饰，有简有繁，也颇为别致。

总之，文明街的民居及商业建筑有浓郁的昆明本土特色，具有较高的历史文化价值与美术观赏价值。在如今的昆明大观街、武成路、长春路、金碧路、同仁街等传统民居与商业铺面已几乎拆尽的情况下，文明街更具有特殊的保存价值。为此，必须采取严格的保护措施，降低该地的居住密度，改善内部环境设施，恢复传统建筑风貌。可以将其辟为传统文化商业街，为昆明历史文化名城保留一点传统的文脉，为当地老百姓增加一点历史的回忆，为昆明的旅游事业增加一道新的风景线。

培田——客家文化博物村①
——福建连城培田古村落考察后记

一

钟灵毓秀的环境、区位优越的经济、耕读为本的理念和勤勉立业的精神造就了文墨之乡培田。其发展历史的悠久性、规划布局的合理性、村落规模的完整性、建筑类型的多样性及文化内涵的丰富性等，不论从哪方面来说都具有极其重要的价值。

然而，在对培田短短的考察中，我感受最深的，是其丰富而深厚的文化含量。培田不同于一般的传统古村落，它兼具文化类型的多样性、文化品位的高雅性和文化风貌的独特性。

培田所展示的不仅是其丰富的建筑文化——30幢高堂华屋、21座宗祠、6处书院、2道牌坊、4座庵庙道观、1条千米古街及其精湛的建筑装修、碑匾文化；而且包含着客家的历史文化——客家人从迁徙定居培田后600余年来30代的繁衍及其耕读商全面发展的历史，系统的宗族文化——吴氏历代完整的族谱及其家训、家法与族规，淳朴的民俗文化——传统形态遗存至今的婚丧嫁娶、节庆祭祀等习俗及木偶、根雕、剪纸等民间艺术，古今的名人文化——历史人物的裴应章、纪晓岚等的笔墨及近代人物朱德、罗炳辉等的指挥所、住址与传说，革命的红色文化——国内革命战争、抗日战争、解放战争时期的文物、壁画、标语等。这种多样的文化类型聚集于培田一村落是其他许多传统村落所无法比拟的。

培田的文化不仅类型多，而且品位高。这一方面体现于其建筑文化中——"九厅十八井"民居建筑群尊卑有序的严谨布局，门楼、照壁、院落、铺地的"吉祥"构思，屋脊、梁枋、槅扇、漏窗的精美装饰等；另一方面体现于培田村落所珍藏的众多诗词、散文、楹联、匾额中——名人的墨宝，高雅的格调，深邃的内涵，精湛的雕琢。

培田还有许多独特的文化风貌，例如：专对妇女进行素质培训且"可谈风月"的"容膝居"，以交流技艺为主，传授泥、木、雕、塑、剪技艺的"修竹楼"，上祀文圣孔子下祀武圣关羽的"文武庙"，国共两党对立，标语同时并存、保留至今的文化现象等，这些在其他地方皆不多见。

正是基于以上三个方面，我认为应将培田定位于"客家文化博物村"。这不是牵强附会之举，而是客观真实地反映。这样的定位反过来也将促进其传统文化的保护、整理与弘扬。

二

培田开发旅游大有可为，且势在必行。然而，开发旅游需要树立一个良好的旅游形象，

---

① 该文为2001年9月下旬应福建连城之邀考察培田古村落后，因深为赞叹其村落规模完整、建筑类型多样、文化内涵丰富而于10月写下的一篇考察后记，寄给了当地供参考，未曾公开发表。

最好是新颖而独特的形象。目前，我国各地利用传统古村落开发旅游的已不在少数，如安徽的黟县、宏村，云南丽江的束河村，浙江永嘉县的林坑，以及贵州的苗寨，云南西双版纳的傣寨，元阳的哈尼寨等，他们有的突出地方风情，有的强调民族特色，各有其自身的形象。形象特色愈鲜明，则旅游效益会愈好。

培田的最大特色在于其丰厚的文化，包括前述种种的显形文化及内在深层的客家精神、治家理念、建筑中"天人合一"的环境观、尊卑有序的儒家思想等隐形文化。将培田在旅游开发中定位于"客家文化博物村"（"博物馆""博物院""博览园""博览会"等各有所指，比比皆是，而"博物村"却鲜有人见），这既非杜撰，又突出了它的文化形象及旅游产品开发的方向，既有新颖性，又有独特性，对旅游的宣传营销较为有利。

当然，既然推出"培田——客家文化博物村"这一旅游产品，就不能是培田这一村落的自然展示。它还需要通过专门的旅游规划，将其文化类型进行适当的分类、集中、提炼，一边更有效地突出"展品"（包括静态的及可参与性的）；还要设置游线，适当配置旅游的其他要素（吃、住、行、游、购、娱等）。要让旅游者进入这"博物村"游览感到充实而有趣，且确有所获。

三

目前的村落旅游大致有以下四种类型：

观光型——看一看农村的田园风光及村落的民风民俗，换一种感观环境以调节身心。

休闲型——到农村去钓鱼、采藕、摘水果、打扑克、下棋、娱乐，到田园风光中去消闲。

文化体验型——到富有地方或民族特色的村落中去"做一天农家人，吃两餐农家饭"，了解一下它的文化特色，增加一点对异种文化的体验。

科考型——少数专业人员（如民族学家、人类学者、艺术工作者）到地方或民族特色村寨中去作专业的考察、采风、调查、研究。

"培田——客家文化博物村"开展的旅游主要应是后两种类型（虽然不排除前两种类型），它属于一种较高层次的文化旅游，要根据环境容量来确定适当的规模。这种层次旅游的主要产品是文化，而不是休闲娱乐，因此必须下力气保护好村落的传统文化并使之不断弘扬；反之若保护不好或开发过度使传统文化受到破坏甚至消失，失去了产品也就失去了旅游的吸引力，这类反面教训在过去各地的旅游开发中并不少见，这就是不可持续的掠夺性的旅游开发。

定位于"客家文化博物村"，这种命题本身就是要求加强对培田村落传统文化的精心保护、认真整理及不断弘扬，这也就为旅游的可持续发展带来可能。

总之，培田的旅游发展大有希望，衷心祝愿"培田——客家文化博物村"的旅游永远走可持续发展之路。

难忘的山寨印象①
——云南丽江宝山石头城考察记

早就听说丽江宝山石头城非常奇特、美妙，一直想去看看，但路途不太方便，近几年内有两次安排都未能成行。今年 4 月，终于有机会前往考察。

宝山石头城位于丽江市域北部，距古城约 120km。23 日晨 8 点半乘车从古城出发，北行穿过风光旖旎的玉龙雪山风景区、白水河，沿着今年初刚修通但等级不高的柏油路行驶两个多小时到达宝山乡；再往前路面虽非柏油，但尚好走，经过几个感觉很好的山寨，约 10 多分钟车程即到达石头城外的山头。下车后步行下山约 20 分钟，到达石头城外的外寨，在一预先约好的"和家客栈"内稍事休息。午餐后用了两个多小时考察上下高差约百米的石头城（内寨）。好久都没有这种爬山运动了，再回到外寨已气喘吁吁，然后只有骑马上到还有百多米高的停车处；乘车回到丽江已是下午 6 时。

原来安排估计不足，不知这座山寨有那么精彩，真该在此住一晚，细细品味。然而尽管这次考察仅只几个小时的走马看花，但回来后一个多月，山寨在脑中的印象总是挥之不去，再翻看所摄照片，不禁引起一些思考。现将其记录于下。

一、石头城概况

宝山石头城属丽江市玉龙县宝山乡，位于丽江市域的东北端，东临奔腾的金沙江，对岸为宁蒗县的高山峻岭，北据峭拔险峻的太子关（图 7-1）。石头城三面皆是悬崖绝壁，仅向东一面石坡直插金沙江，可谓一座天险之城（图 7-2）。

石头城并非一座真正的城，实为一座山寨，无城墙（不需要），仅有两个寨门。宝山石头城纳西语为"拉伯鲁盘坞"，意为"宝山白石寨"。寨始建于元朝初年，当时为云南行中书省丽江路宣抚司所辖七州之一宝山州治所。据《元史·地理志》记载："其先自楼头（今宁蒗县永宁乡）徙居此二十余世。"可知纳西族开发这一带的时间约当中唐时期②，距今已有约 1300 年的历史。

宝山石头城现包括城内（内寨）与城外（外寨）两部分，内寨（即石头城）现有村民 108 户，外寨为近现代人口发展后在与石头城西南毗邻的上坡上扩建而成，现有村民 116 户，共计 224 户，1146 人，皆为纳西族。居住建筑皆为纳西族传统的院落式民居。

---

① 此文为 2010 年 4 月考察丽江宝山石头城后有感而发的一篇后记，完成于 2010 年 6 月，并以此文参加了"第十八届中国民居学术会议"（2010 年 10 月，济南），并在会上宣读，刊载于《传统民居地域文化——第十八届中国民居学术会议论文集》（中国水利水电出版社，2010 年 9 月）

② 参考李群育主编：《新编丽江风物志》，昆明，云南人民出版社，1999。

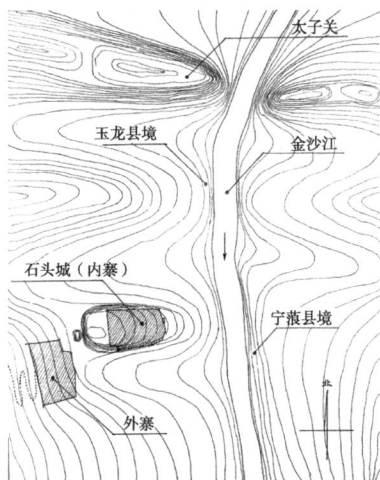

图 7-1　宝山石头城地形印象

图 7-2　宝山石头城鸟瞰

二、山寨印象

（一）历史遗存，风貌完好

石头城坐于一个孤立的石山之上，南、北、西三面为悬崖，仅东面面向金沙江峡谷为近 40° 的陡坡，山寨即建于此陡坡之上。山寨西南角与东北角有两座石门供出入。山顶西端遗存一防御用的"烽火台"，旁有一较大的山顶平台，也是村寨民俗活动的场所，据说纳西族最盛大的传统节日"三朵节"（农历二月初八）以石宝山最为原汁原味。山寨内部街巷沿坡地曲折纵横，民居建筑顺坡巧妙构筑，小商店等设施齐全，是一个较完整的村落。寨内道路保留了石凿、石铺之原貌。民居建筑虽经历史演进、不断发展，现有建筑多为近百多年来不断修建，但仍传承着纳西族传统民居之典型做法，多为院落布局，木构架，外墙以土、石围护，坡顶、悬山山墙、上虚下实的形式，传统风貌保存至今，基本完好（图 7-3）。

外寨亦是沿着约 40° 的东向陡坡近现代不断兴建而成，也完全延续着纳西族民居的传统风貌。它与内寨衔接处、内寨南门外亦有一较宽阔的平台广场，也是外寨的民俗活动场所。由此广场看外寨的整体风貌，俨然一幅山寨风景画（图 7-4）。

图 7-3　石头城（内寨）轮廓

图 7-4　外寨整体风貌

　　如此完整的历史遗存，若纳入丽江古城世界历史文化遗产范围之内，我想一定当之无愧。

　　（二）依山就势，顺坡而筑

　　无论内寨及外寨，皆建于按现代城乡规划理论划为"不可建设用地"的陡坡地之上，因而其道路、建筑只有依山就势、顺坡而筑地适应地形。

　　所有寨内道路为减小坡度，线路多为"之"字形，很少有平直路段，坡大时皆为阶梯形（图7-5）；常在一些转角节点扩大，并设高台，以供背上负重的山寨居民歇脚休息（图7-6）。

　　尽管山寨道路车辆运输不便，但世世代代的山民自有一套以肩背马驮适应环境生存的办法。建筑的群体布局随地形台阶式布置，或垒石，或吊脚，灵活应用（图7-7），纵横退台，叠落自如（图7-8）。无论群体或个体建筑，都有一套适应地形的构筑技巧。

图7-5　山寨内的道路（左）

图7-6　山寨道路节点的歇脚之处（右）

图7-7　台阶式布置的建筑群体

图7-8　纵横退台，叠落自如

（三）以石为本，人作天开

石头城基本上建在一座石山之上，选此"巨石"建寨，除了防御功能之外（设烽火台即为例证），也不乏珍惜周边稀有的可耕土地之意，在石头城周围的所有山坡，凡能开垦的全都辟为梯田，并有一套自流灌溉系统，每块田下都修有暗渠及水口。

既居石山，则以石为本，许多道路就在石山上凿出（图7-9），许多房屋即以石山之石为天然基础（图7-10）。更有甚者，有的民居竟然不仅倚石而建（图7-11），而且还在室内利用天然山石凿出石床、石灶、石缸、石磨等生活家具与设施（图7-12），这真乃"虽由人作，宛自天开"。如今这些石凿设施虽已不用，但却完整遗存下来，成为一道独有的本土石文化旅游景观。

图7-9 凿石而成的道路（左）

图7-10 以山石为础的建筑（右）

图7-11 倚石的建筑

图7-12 室内的石床、石灶、石缸、石磨

（四）错落有致，景观极佳

山寨的最大特点在于因山形而错落，这在景观构成上是一个极有利的条件。然而，能否利用优势构成优美的景观还在于组织，现实中也不乏虽为山寨而不见得美观之实例。

宝山石头城不论内寨还是外寨皆错落有致，景观极佳。所谓有致，即有组织，且组织得当，有既统一又对比的和谐感。在这个山寨中，我们体会到山寨之选址、建设与山、川、天、地融洽的和谐之美（图7-13），建筑材料运用上石、木、土、瓦之有机构成的和谐之美（图7-14），空间景观上房、路、岩、树之间对比统一的和谐之美（图7-15），建筑组合上纵横、虚实、高低、疏密之间统一变化的和谐之美（图7-16）。在整个山寨中，无论远景、中景、近景都有不少可欣赏的景观，因而构成了山寨整体的美感。

图7-13　山寨整体环境的美

图7-14　建筑的材料构成之美

图7-15　山寨空间景观的美

图7-16　建筑群体组合的美

三、几点思考

(一) 关于城镇特色

近几年来,我国的城镇建设开始重视特色的塑造问题。正在实施"建设民族文化大省"战略的云南省,前两年又提出了拟建 60 个特色小镇的计划,近期许多城市在总体规划外又根据要求在作专项的特色规划。应该说,这种有意识的特色营建思想是先进的,计划、规划等工作是有价值,有作为的。然而回过头来想一想,古今中外的城镇,那些被后人视为"有特色"的范例(如威尼斯水城、重庆山城、丽江古城等等)是因其先有"特色规划"而造成了后来的特色,还是由某种因素所左右自然地形成了它的特色?无疑是后者。这种因素包括地域因素(地理环境、自然山川、气候特征等)、民族因素(生活习俗、行为方式、道德标准、审美情趣、宗教信仰等)、历史因素(历史文化、历史事件、人文典故等)等多方面,其中地域因素是最基本的因素。

就拿宝山石头城来说,它的特色无比鲜明、独特、亮眼,之所以如此在于其村寨顺应了石山、陡坡的地域自然条件,而且处理好了与石、坡的关系,同时延续了本土的文化(本地域、本民族的文化,包括其传统建筑文化)。由此看来,城镇特色的形成最重要的是顺应自然条件、延续本土文化,而不是毫无根据地创造出的"奇""特"。

(二) 传统村寨保护与旅游开发

这样一个优美的山寨,无疑是一个非常吸引人的旅游景点,即使在不大宣传,外部交通条件很差的 2009 年,据统计已有 6800 名游客前往;现在外部道路已有所改善,未来的旅游发展是必然趋势,游客量不可低估。其实,这个村寨内的村民已有很好的旅游开发意识,外寨已有了几家民居客栈,环境条件很好(图 7-17);当地还有一位深知石头城历史,70 高龄而健行健谈的徐土豪先生志愿地不讲价钱地充当导游(图 7-18)。

关于传统村寨保护与旅游开发的关系,理论探讨现在已基本有了共识,即既要以保护为主,以保护促进旅游的可持续发展,又要以旅游来促进当地的经济发展与老百姓生活水平的提高,促进传统村寨更好地保护。针对这样一个至今旅游尚未正式开发但可以

图 7-17 民居客栈的小院

图 7-18 与"导游"徐土豪先生合影

预见即将迅速发展的山寨，我想除了重视加强保护措施与建设控制，加强旅游指导与村民教育，加强设施完善与卫生改善等普遍性问题外，应该未雨绸缪地重视以下几个有针对性的个性问题：如何避免走一般化的"农家乐"旅游而发展有本地特色的人性化的旅游？如何把旅游的利益主要让给村寨的百姓？如何减少外地文化的渗透？如何防止过分商业化？

我赞成这样的村寨发展旅游，但应该另走一条不求量、但求质、低碳化、高起点、体验型、高效益的发展之路。

（三）认真地向民间学习

这次考察时间虽短，但思想触动颇大。这样一个没有规划师的山寨规划，没有建筑师的山寨建筑群实在令人叹服！

我们平常说向民间学习，就这个山寨来说不是空话，可学的东西很多，地形处理、规划手法、构筑技巧、景观营造等等都值得学。然而，我觉得更应向这个山寨村民学习的是他们和环境融洽、对地形尊重、与自然和谐的意识，这是一种在当前及未来尤其值得推崇的人文精神，它对诊治我们现在建设中普遍存在的浮躁、张扬、蛮横、掠夺、贪大、求怪、耗费、铺张等心态可能是一副良药。

真的应该认认真真地向民间学习！

· 传统民居的价值与继承问题探讨 ·

略论云南的汉式民居①

一

云南由于历史上迁徙变化形成的多民族性（全省计有 26 个民族），地理上海拔悬殊形成的立体气候等原因，使得民居的类型丰富、形式多样、风格迥异。在云南众多的民居中，有四种最基本的类型：

（1）井干式木楞房——主要分布在滇西北怒江、宁蒗一带；

（2）平顶土掌房——分布于滇西北迪庆藏族自治州及滇南红河州等地；

（3）干阑式竹楼——分布于滇西南西双版纳州及滇西德宏州；

（4）汉式民居——分布于全省各地。

所谓汉式民居系泛指内地黄河流域、长江流域一带以院落式为主的汉族民居，如北京、山西、河南、安徽等地各种形式的三合院、四合院等即是。在云南，汉式民居较其他几种类型的民居分布面最广，量最多，它不仅是汉族的主要居住房屋形式，而且也是彝族、白族、纳西族等几个较大的少数民族的居住房屋形式。

二

云南有着悠久的历史和古老的文明，不仅有大量的古人类化石及青铜器发现为证，仅有文字记载的历史至今已约 3000 年。历史上云南与中原息息相关：战国时期楚人庄蹻率众入滇，开中原与云南关系之先河；秦开五尺道，开辟了从中原经云南通东南亚的第二条丝绸之路；汉置郡县，将云南直接纳入祖国的版图；三国时诸葛亮平定南中，对开发西南作出了贡献；唐时南诏国、宋时大理国都与中原王朝关系密切；元忽必烈平定云南，结束了几百年的云南割据局面；明在云南大规模屯田、移民、兴修水利；清"改土归流"……在这漫长的历史长河中，必然产生中原与云南之间的文化交流与融汇，也必然产生地区、民族间建筑文化及建筑技术的交流与融汇。

中原汉族民居的技术与艺术随着战争、移民传入云南，不仅在汉族人民中推广，而且为一些文化比较先进、经济比较发达的少数民族与地区所接受，因而产生了云南的汉式民居。但是云南的汉式民居由于自己的自然地理条件、环境气候因素、民族生活习俗等特点，它不可能完全照搬中原民居，而必然有自己的特点。即使是云南各地的汉式民居，由于上述因素也不可能完全相同，也有许多不同的形式，其中以大理白族民居（图 8-1）、丽江（纳西族）民居（图 8-2）、昆明（彝族）一颗印民居（图 8-3）三者较为典型，

---

① 该文为参加"第一届中国民居学术会议"（1988 年 11 月，广州）所写的一篇论文，并在会上宣读。初稿写于 1988 年 11 月初，1989 年 3 月修改，后刊载于《中国传统民居与文化》（中国建筑工业出版社，1991 年 2 月）。

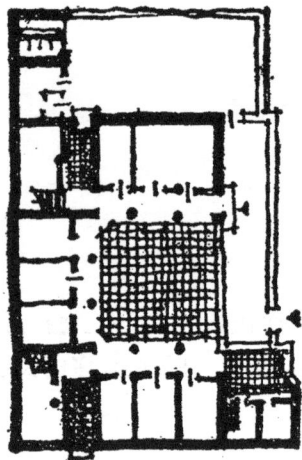

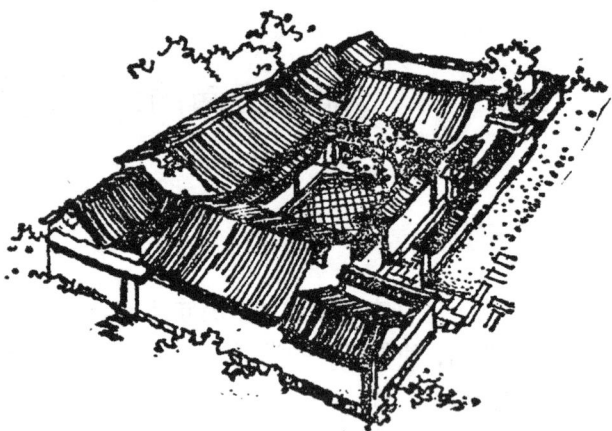

图 8-1　大理白族民居

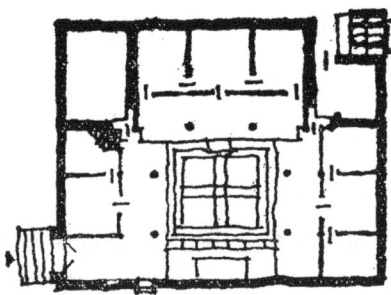

图 8-2　丽江民居

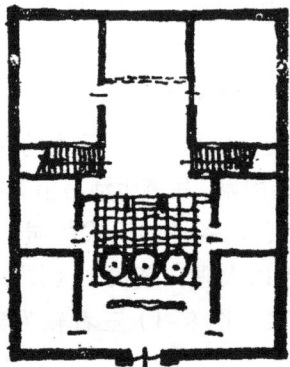

图 8-3　昆明一颗印民居

最有特色：大理白族民居平面组合严谨，造型纤巧富丽；丽江民居平面组合灵活，造型古朴自然；昆明一颗印民居用地及空间组合紧凑，造型稳健别致。图8-1强调地方性与民族性，图8-2、图8-3则更多地反映地方性，而非民族性。

三

云南的汉式民居与中原民居在下列一些方面具有相同的特点：

（1）间—坊—院—群体的平面组合方式二者基本相同。这种内向性的组合系由中原传入，它适合云南的技术条件，更适合云南多数地区气候温和、春季风大的特点。

（2）同样以院为中心，以院作居民活动与构图的中心，家长居中，祖神牌位居中（楼上或楼下），围绕院布置居室。这种向心性是封建家长制的反映，云南的彝族、白族、纳西族等民族皆进化较早，也较早地进入了封建社会，因而他们也采用了汉式民居的居住方式。

（3）外墙闭合、门少、窗小（或不开窗）的封闭形象基本一致。这种封闭性适应小农经济自给自足的实际及自我保护、防范外界侵扰的心理。

（4）材料、技术大体相同。木构架、石基础、土坯墙或夯土墙、木檩、木椽、土瓦等材料、技术在云南的推广应用反映了生产力由先进地区向落后地区的传播，而木材、石料等对云南来说本身资源就很丰富。

四

云南的汉式民居与中原民居之间以及云南各地民居之间由于地理、气候、经济、文化、生活、习俗等方面的差异不可能完全相同，它们的相异之处在于：

（1）平面组合不完全一样。一般说平原地区平面较规整、规范化，如北京的四合院，大理的"三坊一照壁"、"四合五天井"等；而山地、水乡因地形限制关系，组合多较自由灵活。丽江民居的基本平面形式虽也是"三坊一照壁"、"四合五天井"，但常随水渠曲折、地形高低而灵活多变，不拘一格。在层数、朝向方面北方的民居多为一层，朝南，而云南的汉式民居多为两层，多朝东南，这与日照、风向等气候条件及习俗有关。

（2）空间利用程度不一样。发达地区常因土地紧张而空间利用经济，如浙江民居、昆明一颗印民居空间紧凑有致；而不发达地区特别是农村，空间利用不太经济，如大理民居、丽江民居在农村其楼层通常只作谷物零星储藏，大量空间弃之未用。这除了经济因素外，也与文化层次有关。

（3）厅廊的使用与开敞程度不一样。北方民居由于冬季气候寒冷，起居活动主要在室内，正房较封闭，廊多起交通联系作用；而云南昆明、大理、丽江等地由于气候温和、四季如春，人们喜欢户外活动，作为主要起居活动的正房通常较开敞，廊较宽大。大理、丽江民居的正房皆以六扇槅扇门作隔断，必要时可全部打开甚至拆掉，平常更是经常以廊作待人接客之地，廊宽要求能放一桌酒席；昆明一颗印民居因用地紧凑，无宽廊，而将正房作敞厅，不设门，与院空间相通。

（4）院落大小及庭院绿化环境不一样。北京四合院的院落较大，大理民居次之，丽江民居有大有小，而昆明一颗印民居则非常小，这与日照要求、用地情况有关。由于气候条件的不同，北方民居的庭院花木较稀少；而大理、丽江人民素爱花草，通常满院花木、四季常青，庭院小环境非常幽雅，丽江由于多泉水，常将泉水引入院中小池，更显幽静。

（5）建筑造型不一样，北方民居造型一般较为厚重、严谨，而云南的汉式民居造型则各具特色：大理民居以其屋顶与照壁轮廓曲线及丰富的外檐装修而显得纤巧富丽，丽江民居以其深厚的悬山屋顶与朴实的装修而显得古朴飘洒，昆明一颗印民居则以其独特的立面与简洁的造型而显得稳健别致。

（6）建筑装修重点不一样。北京四合院以垂花门为装修重点，重彩画；大理、丽江民居以门楼、照壁、槅扇门等为装修重点，木雕技艺较高。大理民居的装修较丰富、华丽，而丽江民居的装修较古朴、自然。这与各地的经济能力、审美习惯、技艺水平等有关。

五

通过上述对云南汉式民居与中原民居异同点的分析，可以得到两点启示：

（1）不同地区、不同民族间建筑文化的交流与融汇是长期的、必然的现象，任何人也无法阻挡。其中生产力、生产技术方面由先进地区传向落后地区是单向性的，而在文化层次上则不一定与经济发展水平成正比关系。从而使我们认识到：我们应该积极地引进先进地区的新材料、新结构、新技术；而对于其文化内涵我们可以吸收借鉴，为我所用，但不一定全盘照搬。

（2）各地地理气候、经济发展、生活水平、习惯爱好、审美心理、文化层次等不同是自然的，因而自然地产生了各地民居的"异"大于"同"。从而启示我们：在建筑创作中，只要我们真正深入地研究地方特点与民族特色，而不是简单地对待，就不会产生千篇一律的现象。

云南民居中的半开敞空间探析[1]

在漫长的历史长河中，人类的居住空间随着地理环境、自然条件、技术经济、文化形态诸因素的共同作用而不断发展演变，创造出丰富多彩的传统民居。

从传统民居到现代住宅之间的演变，在生活内容的现代化、物质手段的多样性、空间构成的丰富性等方面有不少质的飞跃；然而也有某些遗憾，有些地方传统的精华被忽略、遗忘甚至被摒弃。这其中既有迫不得已而为之的一面，如因人口的增长、用地的紧张而导致了合院的消失等等；也有缺乏认识、研究、提炼的一面。笔者认为云南民居中的半开敞空间即是一种至今尚未予以重视而又值得探讨的物质空间。

所谓半开敞空间，就是一种既非室内，又非室外，内外交替，明暗交接的过渡性"灰"空间。这种空间对非居住用的园林建筑中的亭、廊、榭、阁来说不足为怪，在各地民居中作为交通性的外廊也并不鲜见；然而在云南各地、各民族民居中，作为人们日常生活起居一个重要组成部分的半开敞空间异常丰富，相当精彩，这却是值得研究的。

一

除了储藏、畜厩、草料仓、干阑式架空层等辅助空间以外，在云南民居中作为生活起居用的半开敞空间有以下几种类型：

（一）廊的拓宽

丽江民居的厦子（即外廊）多数宽 1.8~2.4m，它不仅是居室与院子之间的过渡，而且本身也是生活空间的一部分，平常的生活歇息、日常进餐、接待来客、操作副业以至宴请宾客等皆在厦子上进行，因此厦宽一般以能摆一桌酒席为最低要求（图 9-1、图 9-2）。

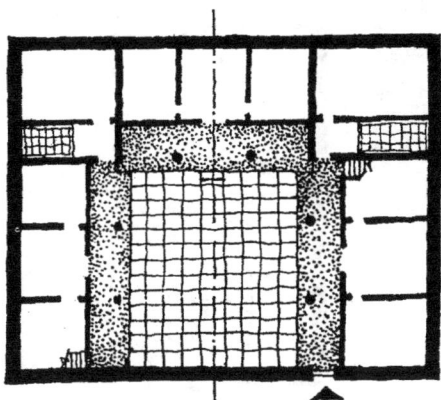

| 图 9-1　丽江民居的典型平面——廊的拓宽 | 图 9-2　丽江民居中宽大的厦子 |

　　① 该文为参加"第二届中国民居学术会议"（1990 年 12 月，昆明）所写的一篇论文，并在会上宣读。论文完成于 1990 年 10 月，后刊载于《中国传统民居与文化》（第二辑）（中国建筑工业出版社，1992 年 10 月）。

德宏的傣那民居一般在三开间的正房前皆有一间、两间或三间深前廊（图9-3）。其光线充足，常作待客进餐、纺织缝纫、编织竹器等家务活动处，还可储存农具，堆放杂物，具有多种功能，廊深一般2~2.4m（图9-4）。

形式为"三坊一照壁"或"四合五天井"的大理民居及丽江民居多为两层，二层有时亦有楼廊；还有一种三坊或四坊房屋皆有楼廊且可串通的称为跑马转角楼。楼廊亦是居住在楼上的人们歇息之处，且可观赏院中的花木（大理及丽江民居的庭院布置及其绿化都非常讲究），楼廊宽亦在1.5~2m之间。丽江民居的楼廊还常设有美人靠，供人倚栏坐憩（图9-5）。

（二）厅的开敞

昆明一颗印民居的堂屋通常是全部开敞的（也有的在堂屋中部加一道隔墙，后房深仅2.7m左右，前房朝向院子部分仍为一敞厅）。堂屋是全家生活起居、接待宾客的中心，农村亦可在此处晾晒谷物。由于一颗印民居的院落很小（一般宽4.5m，深3.8m左右），堂屋全部敞开，与院落空间连成一气，在空间感觉上厅、院互补，相得益彰；若将堂屋以门或墙封闭，则二者皆嫌闭塞，对四周皆两层房屋的小庭院来说则尤有"井底之蛙"感觉（图9-6）。这种敞厅在一些经济较富裕、文化较发达的地区亦有所见，常用作专用客厅（图9-7）。

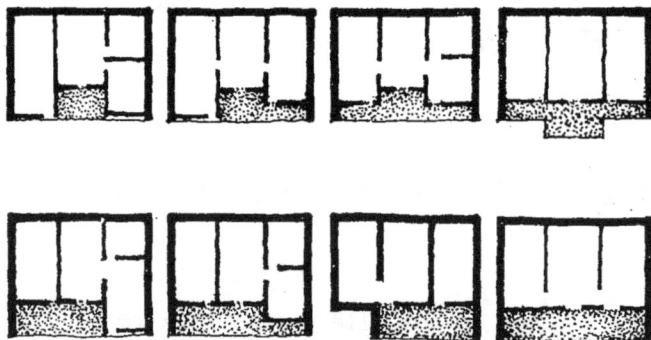

图9-3　德宏傣那民居前廊的平面布置类型

图9-4　德宏傣那民居的前廊剖视

图9-5　丽江民居的楼廊美人靠

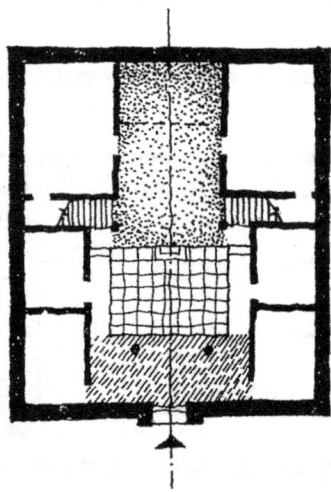

图9-6　昆明一颗印民居的典型平面——厅的开敞

大理民居及丽江民居的院落较大（通常在 10m 见方左右），堂屋皆由六幅槅扇门组成一隔断，然此六扇门在遇有婚丧庆典时亦可全部拆掉，这时堂屋亦为一敞厅，以适应宾客众多需要。这种可闭可敞的厅使用上更为灵活。

（三）专用的独立空间

西双版纳的傣族（傣泐①）竹楼在其平面组成中皆有一个半开敞的前廊（图 9-8），它前与封闭的堂屋相接，左右分别与楼梯及全开敞的晒台相通，是整个竹楼平面组合的枢纽，除堂屋一面外其他三面皆无墙遮挡，多以披厦屋面遮阳避雨，檐下设有靠椅。前廊的空间比较宽敞，一般宽度皆在 3m 以上，面积小者达 10m²，大者 20~30m²，其通风良好，且很阴凉，光线亦较堂屋内明亮，故白天人们多喜欢在此歇息，它是乘凉聊天、儿童玩耍、操作副业、接待来客的重要场所。其空间朴实无华，无甚装修，可是与周围自然景色互相沟通，极为舒适，非常精彩（图 9-9）。

图 9-7　巍山民居的敞厅

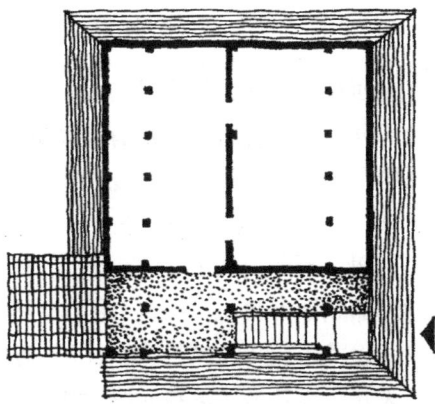

图 9-8　西双版纳傣族竹楼的典型平面——专用的独立空间

图 9-9　西双版纳傣族竹楼的前廊

图 9-10　德宏傣族民居前廊上的佛龛

———————

① 西双版纳古称"勐泐"，居住在该地的傣族自称"傣泐"。

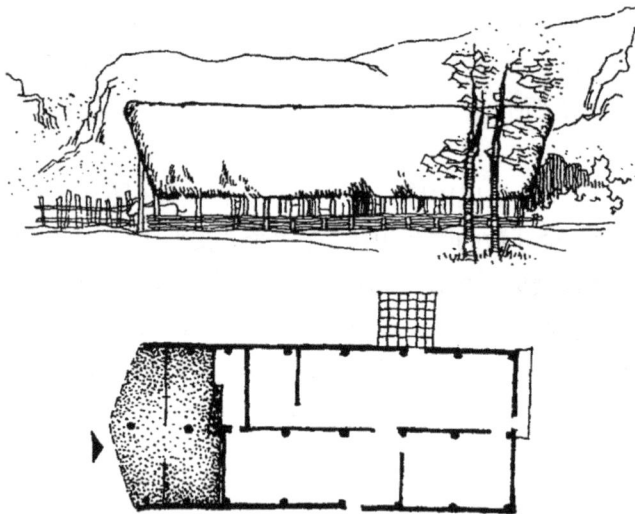

图 9-11　德宏景颇族民居的平面与立面

图 9-12　德宏傣族民居的挑廊

在西双版纳的爱伲族民居、布朗族民居、德宏的傣族民居、景颇族民居、德昂族民居，以及部分的傣那民居中也都有类似的作为专用独立空间的前廊，功能大致相同，唯德宏傣族民居在前廊上还常设有佛龛，供家中敬佛使用（图 9-10）。

（四）门廊、花厅与挑廊

昆明一颗印民居的"倒八尺"，即是一个半开敞的门廊，德宏的景颇族民居亦有半开敞的门廊（图 9-11）。这种门廊除交通外也有一定的操作副业、存放农具、饲养牲畜等功能。

大理民居、丽江民居、建水民居、巍山民居等在规模较大时通常以"三坊一照壁"与"四合五天井"等基本院落单元纵横组合成"前后院"、"一进两院"等形式，其中间可穿过的厅称花厅，两面皆有六幅槅扇门，平常打开一面，遇有重要活动，宾客较多时两面打开或拆去，这时即是一个半开敞的空间，它不仅供交通穿越，也是歇息、待客之处。

此外，既供交通又有一般生活功能（休息、眺望、晾晒等等）的半开敞挑外廊在云南各地、各民族民居中随处可见，如德宏的傣族民居、景颇族民居、宁蒗泸沽湖一带的摩梭人民居等等（图 9-12）。

由以上可见，云南民居中的半开敞空间类型多样，功能多用，空间多姿，是云南民居空间组成中的一个重要组成部分。

二

云南各地、各民族民居中之所以有如此丰富的半开敞空间，有着多种的形成因素。

（一）自然因素

云南位于北纬 21° 9′ ~29° 15′，东经 97° 37′ ~106° 12′ 之间；地形西北高，东南低，海拔相差悬殊，高者梅里雪山主峰 6740m，低者河口县 76.4m。鉴于地形、海拔、纬度的高低，全省温差大，气候复杂，一省兼有热、温、寒三带气候。然而云南气候虽然多样，但大部分地区夏无酷暑，冬无严寒，气候温和。其主要原因在于：地理纬度低，太阳高度角大且冬、夏季变化小，地面得到的热量多且均匀；夏有来自海洋的东南、西南季风调节，阴雨天多，地面温度不易升高；冬有纵横山脉屏障，阻挡西北寒流入侵；加上云南雨季（5~10月份）干季（冬春）分明，日照充足，大部分地区雨量充沛。云南气候宜人，适于户外活动；而民居中的半开敞空间，更是适应这种气候条件白天生活起居的理想场所，夏季在这里雨天可避雨，晴天可避太阳辐射，冬季在这里又可比封闭的室内获得更多的阳光辐射热。

（二）经济因素

云南由于多高山大河（山区、半山区占全省面积的94%，全省有六条水系纵横）、交通闭塞，加之各种社会历史原因，经济发展水平和科学文化水平都较为落后。直至20世纪50年代，除了汉族、白族、彝族、纳西族等民族进入与内地相近的半殖民地半封建社会以外，有的处于封建农奴制（傣族、藏族、哈尼族等族），有的处于奴隶制（小凉山彝族），甚至有的仍处于原始公社形态（基诺族、独龙族等族），大部分居住在边远或山区的少数民族经济发展水平极为低下。尽管近40年，各民族有了共同的发展，社会形态也有了飞跃，然而由于地理与历史条件的限制，经济发展的差距仍非常大，商品经济仍不发达，许多边远地区少数民族的生活仍很贫困，居住条件当然也很简陋。

经济落后，从两方面增强了民居中半开敞空间的形成因素：一是贫穷、简陋的室内环境不及室外自然环境风貌有吸引力，白天不喜欢待在室内；二是贫乏的物质生活导致防御心理的淡漠，无东西可偷，没必要防盗，长期来许多少数民族地区"路不拾遗，夜不闭户"良好风尚的形成与此也不无关系。半开敞生活空间也是适应这种经济状况的产物。

（三）社会因素

长期生产力水平的低下，商品经济不发达，依靠自给自足的农业经济只能解决基本的吃饭问题；像建盖住房、婚丧庆典等大事都必须依靠大家互相帮助，在许多少数民族村寨中盖新房、贺新房已经成为全村寨的大事。这种约定俗成的习俗带来了村寨中浓厚的群体意识。再者，原始的生产力导致对自然的崇拜与对神的崇敬。开始，原始宗教在云南各少数民族中都很有影响；后来，佛教在许多地方占据了统治地位，如傣族全民信奉南传上座部佛教（即小乘佛教），藏族、普米族、摩梭人信奉喇嘛教等等。生产力越落后，宗教活动越具有凝聚力，宗教是导致群体意识增强的又一个因素。群体意识强，家庭的封闭意识也就相对较弱，人们的观念中认为生活需要相互依靠，也要依靠外界的神，因此不能封闭自己。这也是半开敞空间形成的社会因素。

（四）人文因素

云南许多少数民族皆喜欢户外活动，这是各少数民族长期以来在自然经济状况下需要向大自然索取（狩猎）所养成的习惯。即使后来发展到农业经济，生产活动也还是多半在户外进行。同时，一切宗教祭祀活动（祭寨神、寨门、寨心）在户外，重大的节日活动（傣族的泼水节、大理的三月街、彝族的火把节等等）在户外，所有集体性的活动皆在户外。

此外，许多少数民族皆性格豪爽、乐于交往、热情好客，他们喜欢相约畅饮、聚会聊天，甚至一些老年人也喜欢经常相约在一起游玩、消闲、赏花、玩古乐、"打平伙①"。

除了郊野、公园之外，民居中的半开敞空间自然也是与这种生活习俗最相适应的场所了。

① 一种平摊费用的聚餐。

三

生活起居用的半开敞空间作为云南民居中的一种特质空间，具有重要的研究与建筑创作价值。

（一）实用价值

前已述及，云南各地、各民族民居中的半开敞空间有着起居歇息、日常进餐、操作副业、接待宾客、婚丧庆宴等多种功能，它代替了日常厅（堂屋）的作用而取消了纯交通的廊，实际上是室内空间的扩大。它成了民居中最具综合功能，也是使用最频繁的空间，具有极大的实用价值。

特别值得一提的是，云南民居中半开敞空间的实用价值还表现在它本身具有空间的伸缩性与使用的灵活性。这时，半开敞空间的廊与原为封闭空间的堂屋及原为开敞空间的庭院连成一体，合并成一个临时性的统一的室内大空间。云南多数地区在各种喜庆日子都有相互宴请的习俗，半开敞空间为这种庆宴活动提供了场所。随着人们生活水平的不断提高，目前庆宴规模越来越大，少则七八桌，多则几十桌，为此，不仅利用半开敞空间的厅、廊，而且必须向庭院空间延伸才能适应，于是为庭院装卸临时顶棚的专业搭棚服务行业在一些地方应运而生，丽江即如此。

（二）环境价值

云南民居半开敞空间的环境价值主要表现在三方面：一是与大自然气候的直接接触，二是与周围绿化的直接沟通，三是与室外庭园或庭院装修的互相流通与交融。

半开敞空间有利于人们接受更多新鲜的空气与充足的阳光，这适应着云南各族人民的生活习俗，从而又促进了云南各族人民传统性格与习俗风尚的继承。

云南各地、各民族民居的绿化有两种类型：一是宅置园中、绿化环绕，如傣族竹楼；一是宅中有院、院内养花，如大理民居、丽江民居。不论前者或后者，半开敞空间与周围绿化直接沟通，既有利于花木的修葺、管理，又有利于人们的亲近、观赏（图9-13）。

图9-13 大理民居的庭院花木

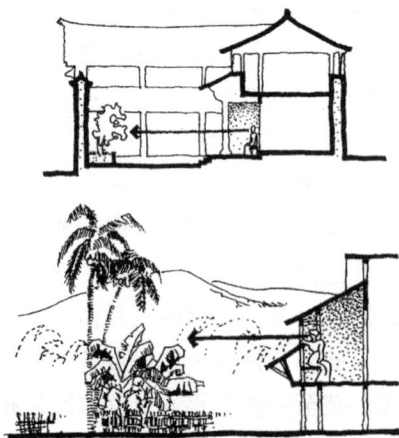

图9-14 半开敞空间使人与自然环境之间产生亲切感

半开敞空间由于一面或多面开敞，它可将室外庭园或庭院中的某些装修引借进来。大理民居的天井照壁，丽江民居的庭院铺地，庭院中的盆景花木及傣族竹楼外的热带小景等等，皆可直接为半开敞空间所借用。它们仿佛是一幅锦屏、一块地毯、一件摆设、一幅风情画，这些"装饰"对半开敞空间在视觉上产生渗透、流通、交融，大大地改善着民居的内部空间环境效果。

人们在半开敞空间中生活起居，与室外自然环境之间没有任何门窗阻隔，有着直接的沟通与联系，使人与自然环境之间有着无比的亲切感（图9-14）。这不正是现代居住建筑与公共建筑当前颇感不足而孜孜努力的建筑创作追求吗？

（三）文化价值

半开敞空间在云南民居中既起着生活起居的综合功能作用，且使用最为频繁，那么它自然也就成了民居装修的重点所在。这在经济较为发达的地方民居中体现较为充分，从大理白族民居与丽江纳西族民居的廊厦来看即可见一斑。厦子正中堂屋的六幅槅扇门及两边厢房的木槅扇窗是木雕精华所在，常以多层漏雕的精湛手法雕琢成有地方文化特色的吉祥图案（图9-15）；两端厦子照壁常以精选的带奇异图纹的大理石配以六边、八边、圆形的木雕、砖雕边框进行装饰；地面铺地多以块砖、片瓦、卵石等简易材料组砌成富有装饰性的几何图案（图9-16）；顶上的梁枋、柱头等也是以木雕、彩画等加以重点装修（图9-17）。廊厦中经常有柱联、匾额等精彩笔墨；不时还是民族古乐、丝弦洞箫的拨弄场所。因此，这里往往成为地方民族文化的集中体现之地，有着强烈的人文气息。

尽管居住简陋的一些少数民族民居因经济落后而缺少装修，但招贴字画、风景画片、奖状、照片之类的装饰也多喜欢在半开敞空间中点缀、展示，傣族竹楼的前廊即如此，此处的人文气息仍较他处浓郁。

（四）社会价值

一般来说，我国多数地区的传统民居对外防范较为严密，外形封闭，但内部不甚封闭。

图9-15　丽江民居的槅扇门雕饰　　　　　　图9-16　丽江民居的厦子铺地

图 9-18　民居环境对人们相互间亲和性的影响

（a）陌巷两侧，门窗不应互不相干

图 9-17　巍山民居廊厦的梁枋装修

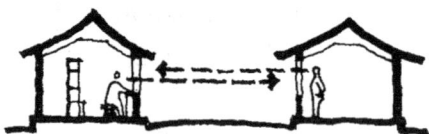

（b）街道两边，门窗相对，互相关注

（c）一个院内，廊子相对，亲近融洽

云南的民居有两种情况：一是经济较为发达的城乡（如昆明、大理、丽江等），其外形较封闭，而内部较开放；一是经济较落后的地区（如边远地区及山区，多为少数民族聚居地），其民居对内、对外皆不封闭，即使整个村寨对外的防范也是意念性的寨门、边界，没有围墙、碉楼等防卫性实体。

居住环境对于人们之间的相互关系有着极其密切的影响，这从环境心理学的角度可以得到解释（图 9-18）。正因如此，在云南边远地区、山区的少数民族，非常热情好客；在经济稍为发达的云南城乡，一个院落内部的各户人家之间或对进入院内的外人来说，人际关系也是比较亲和的。半开敞空间的存在有利于人际交往，这对于亲和的人际关系的形成与发展不无直接或间接的作用。

相比之下，我国城乡现代新的居住建筑群体虽较开放，但个体各家各户之间极为封闭，这样不利于人际交往，从而导致相互关心较少，人际关系较为淡漠。这是一个社会问题，然而社会问题与社会环境有着直接的关系。就此而论，半开敞空间具有一定的社会价值，它对于现代居住建筑今后的发展具有一定的可供借鉴的社会意义。

对云南民居中的半开敞空间物质进行深入的发掘、研究、探讨是极有意义的，它对于现代居住建筑的发展肯定会起一定的积极作用。至于如何借鉴传统民居中半开敞空间的内涵精华，把它运用于现代住宅的设计与创作，则是有待今后进一步深入探索的问题。

试论传统民居的价值分类与继承①
——对传统民居继承问题的探讨之一

传统民居是地方性、民族性传统建筑中一种数量最多、最主要的建筑类型。对它的研究在我国经过了几个阶段，目前已形成热潮。然而直到如今，我们在研究中仍然存在着许多困惑：为什么对民居的认识，研究者与群众甚至某些领导间至今仍存在着强烈的反差？一些研究者认为某某民居非常精彩，大加赞扬，可下次再去已被领导下令拆除建造新的；一些专家学者呼吁要对某片民居进行保护，可当地老百姓却甚为不满："这些破烂房子有什么好？若好你们来住！"一句话噎住了专家学者……这不能不使我们反省：是传统民居"曲高和寡"？还是我们在"自我陶醉"？是审美上的差距？还是认识上的问题？

在较长时间的困惑与反省中，我逐渐意识到应先从理论上理出一个头绪：传统民居的价值究竟何在？各种价值是否都可应用与继承？我认为这是探讨传统民居继承问题的前提。

一、试论传统民居的价值分类

在对传统民居的研究中，有些论著为了强调传统民居的宝贵，常以其与文物相提并论，并以鉴定历史文物的历史价值、艺术价值、科学价值三个方面来阐述传统民居。这样尽管出发点良好，然而以貌概全常常与现实矛盾重重。

传统民居从某种角度说个别的也可看作是一种特殊文物，目前有的地方政府将一些富有教育意义的名人故居，以及难得完整保留的深宅大院、历史渊源久远的民居遗存确定为某级文物加以保护即是一例；但对整个民居来说它不仅是文物，大量的民居至今还是人们赖以生存的住所，一幢民房若不使用了，就不成其为民居。以历史文物的价值标准来鉴定整个传统民居不妥当。

传统民居肯定有自己的价值，正因如此，才在建筑界引起研究的热潮。然其价值何在？我想可以概括为下列三种：

（一）历史价值

"建筑是用石头写成的历史"，民居更是社会历史的活化石。民居是人民大众的住所，民居及其聚落最直接地反映着各历史时期人类的衣、食、住、行等生活状况及经济、体制、生产力、生产关系等社会状况。从考古学家对河南渑池仰韶村遗址、陕西西安半坡遗址、

① 在经过了对云南传统民居十多年的研究后，自己反而产生了许多困惑：为什么现实中对传统民居的认识反差那么大？经过一段时间的思索后，感到应先厘清传统民居到底有什么价值，于是打算对传统民居的价值论进行研究，计划有针对性地探讨几个问题，此为第一篇。本文初稿写成于 1991 年 10 月 10 日，参加了"第三届中国民居学术会议"（1991 年 10 月，桂林），并在会上宣读；经再思考后于三年后的 1994 年 10 月 10 日修改完成此文，刊载于《规划师》1995 年第 2 期（1995 年 6 月），略被修改，现按原稿编入此文集。原文有插图 11 幅，似有多余，故删除。

浙江余姚河姆渡遗址及河南安阳的殷墟等研究的重视可知,对人类居住生活状况的研究是历史研究的起点。对历史上各时期民居及其聚落的纵向与横向研究,更可以看到一个民族的发展历史及迁徙情况。日本学者鸟越宪三郎等在其《倭族之源——云南》一书中以大量的篇幅论述村寨与民居建筑[①],将其作为倭人的故乡在云南之说的重要依据。其结论正确与否尚待进一步研究,但它也是将民居及其聚落作为其民族渊源研究的主要起点。

在云南,20 世纪初叶还曾有反映独龙族原始居住形态的巢居存在[②],20 世纪 80 年代初还遗存有反映基诺族氏族社会的"大房子"实物,至今在宁蒗永宁的泸沽湖畔还有反映原始母系社会雏形及"阿夏"婚俗的摩梭人民居。这些不都是社会历史的活化石吗?像这样一类民居的历史价值是不可估量的,其中可选择部分有代表性的民居实例列为文物,甚至将其搬到博物馆中。

(二)文化价值

民居建筑及其聚落最充分地反映当地人民的生活习俗,它与人文、民俗等密切而不可分,因而也是民族文化与地域文化的典型体现。传统民居的文化价值是不言而喻的,其表现在表层的文化显示与深层的文化内涵两个方面。

1. 表层的文化显示

在民居及其聚落中,表层的文化显示主要有建筑装饰以及宗教文化、民俗文化的外在反映等等。

(1)建筑装饰

当人类从穴居、巢居发展到在地面上建房屋起,即有了装饰的萌芽;随着经济的发展,装饰也越来越多,越来越受重视;到了一定时期,形成了本民族、本地域的一种装饰模式。例如:北方四合院的垂花门,广东民居的正脊与山墙脊头,云南大理白族民居的门楼、照壁、山墙山花,丽江纳西族民居的悬山悬鱼、庭院铺地,大理、丽江等地民居木槅扇门上的漏雕等等。这些建筑装饰体现了当地民族的审美观念(包含形体、线条、色调崇尚等),也融汇了许多理想、愿望(如家族兴旺、福泰安康、吉祥如意等等),它们成了地方民族建筑文化的一个组成部分。

(2)宗教文化的体现

民居及其聚落自始至终都有宗教文化的体现。原始宗教(包括自然崇拜、祖先崇拜、神灵崇拜等)至今在云南的一些民族村寨中仍有体现,如傣族村寨的寨心、寨门,哈尼村寨的"龙巴"[③]。佛教传入我国后更是渗透到各个方面,在云南全民信奉佛教的傣族村寨中几乎寨寨都有佛寺,许多地方民居中也家家设有佛堂(如德宏傣族民居的佛龛,永宁摩梭人民居中的喇嘛经堂);我国内地许多传统民居中也专设敬佛的场所。其他道教、伊斯兰教、基督教等在一些民族的民居及其聚落中的影响也随处可见。

(3)民俗文化的反映

民居及其聚落更是民俗文化的自然载体。傣族的水文化不仅反映在泼水节、河旁沐浴、

① (日)鸟越宪三郎著,段晓明译:《倭族之源——云南》,62–144 页,昆明,云南人民出版社,1985。

② 《独龙族简史》编写组:《独龙族简史》,102 页,昆明,云南人民出版社,1986。

③ 龙巴是哈尼族村寨的一个象征性构筑物,相当于傣族村寨的寨心。

村寨的水井，民居的凉台上也离不开水；许多民族的火文化在民居的火塘及其禁忌、村寨每年一度的火把节中都有反映。家庭与婚姻习俗必然反映在居住形态上。如汉族传统家庭的上下、大小、尊卑观念明显体现于民居院落布局与空间位序的主次、正偏、内外；傣族较自由开放的婚姻使其私密观念较弱，民居中数辈合居一间，不分室，各帕垫（即地铺）仅以蚊帐间隔；摩梭人至今存在着"阿夏婚姻"，反映在民居上是成年女子每人都有一间居室设在院落临街一边的楼上。丧葬礼仪同样反映于村寨及民居。如云南许多民族的村寨后有"神林"（即墓葬区）；而摩梭人民居的正房后室中有一贮尸坑，以便暂时封存尸体，等待吉日火化。

2. 深层的文化内涵

上述建筑装饰、宗教文化、民俗文化等等都是显露在外的，在民居及其聚落中容易看得见。然而民居的文化价值更重要的是表现于其深层的文化内涵。

中国传统的合院式民居室内外融汇渗透的空间处理，体现了一种"天人合一"的思想；民居院落反映尊卑观念的空间位序，以不变应万变的合院组合方式，蕴藏着丰富、充实之美的重门叠院等等，表现出德的整体观念；中国传统建筑（包括民居）在规则与自由、实与虚、凹与凸、曲与直、限定与余地、天功与人代等等方面，反映出阴阳相济的二元态度及包容思想[①]……这些都是深层次的文化内涵所在。

再者，建筑文化与地域文化有着内在的联系。江南文化的清秀，草原文化的奔放，黄土文化的浑厚，西域文化的悲壮，这些对民居建筑文化内涵的孕育也不无影响。各民族、各地区的民居都有自己的内在气质，我们应从大文化的宏观联系中探索其特定的内涵。

（三）建筑创作价值

传统民居的前两种价值不仅为行家所识，也逐渐为世人所知，只不过认识程度有所不同而已。然而传统民居有无建筑价值，这个问题正是产生反差的关键所在，不仅一些领导、群众认为传统民居"尽是一些破破烂烂的房子，已没有什么价值"，即使某些建筑师对它也抱有怀疑："时代不同了，它必然被淘汰。"

我们这里所说的，并非狭义地指民居建筑的直接利用价值，而是广义地指它的建筑创作价值，即对它的创作手法、创作思想的再利用。对现有保存较好的传统民居及其群落当然应当保护、改造、利用，少量的改造成博物馆、宾馆之类，多数仍作为民宅。其室内可按现代生活要求进行改造，其群落亦应按生活、防灾等需要增加水、电等公共设施，改善环境。然而传统民居的绝大多数终不能永久保存，它们迟早要被新的住宅所代替，这是毋庸置疑的。传统民居的建筑创作手法与创作思想才是其建筑价值的真正体现。这也是民居研究最终所要解决的问题，只不过目前的研究对此还涉及不广、不深，故而造成一些反差与困惑。

传统民居的创作手法包含着广泛的内容，既包括功能、技术、经济方面的合理措施，也包括对环境、空间的处理手法。这些创作手法随着社会经济的发展越到后来越发成熟，形成许多精彩的范例。就云南民居而言，在与气候相适应的建筑形态、与地形相协调的群体布局、与山水环境相默契的建筑构思、富有弹性的庭院空间处理、独特的厅、廊等半开

① 王镇华：《中国建筑备忘录》，见《华夏意象》，96~99页，台北，时报文化出版事业有限公司，1988。

敞空间运用[1]、丰富优美的建筑造型创造、富有特色的建筑空间组合、建筑装饰的地方化、民族化、经济便宜的地方材料选用、简便适用的建筑技术处理、标准而灵活的建筑施工方法等等方面有许多创作手法值得吸取[2]，它们具有很高的创作价值。

在上述这些创作手法的背后，起主导作用的是"从人出发、以人为主"的创作意识，"因时制宜、因地制宜"的创作态度，"兼收并蓄、融汇于我"的吸取精神。这些创作思想更是可以提取作为今后建筑创作的借鉴。

上述三种价值是对传统民居的总体而言，并非任何一幢民居皆具备。以这三种价值标准，可以综合判断某幢民居或其群落的总价值。

二、传统民居的继承性探讨

谈及传统民居的继承，应先明确：前述的"价值"是针对传统民居本身而言，而所谓"继承"是指在新的建筑创作中应用传统的价值，二者所指的主题不同。讨论传统民居的继承问题，首先要弄清传统民居上述的三种价值能否被新的建筑应用，至于新建筑如何应用与继承的问题则需另外专门讨论。

通过对传统民居三种价值的具体分析，我认为它们具有不同的应用与继承性。

（一）历史价值只能利用，无法在新建筑中应用，因而也无法继承

某些传统民居所以具有历史价值，是由于它是过去时代的真实产物，它客观地记录了那个时代的社会、经济、政治、文化状况，对研究那个时代提供了物证或线索。如今，过去的时代已经过去，为了研究并记忆过去的历史，有必要保存这种现存极少的有历史价值的民居。它们已经成为真正的文物，即使不能搬到博物馆中去，也必须改变其现实的居住功能而加以保护，或直接用作某种博物馆而加以不断地维修；确实无法继续保存下去的，也应保存资料。

某些情况下为了研究、教育或旅游猎奇的特殊需要而仿建一点这种民居，它也只能是极少数足尺的或缩小的"模型"，假的就是假的，搞多了反而会造成历史的混乱。

时代前进，生活前进，建筑也必然前进。我们不可能为当今时代的居民再建过去时代那种生活方式的民居，如同不能为今天的独龙族再盖巢居，不能为基诺族再建那种全家族住在一起的大房子一样。

由此可见，传统民居的历史价值只能利用，而不存在继承性的问题。

（二）建筑创作价值可以直接应用与继承

无论传统建筑或现代建筑，都不外是从人的需要出发解决功能、技术、经济、环境、空间等问题。传统民居虽然是没有建筑师的建筑，然而其创作手法与创作思想前已阐述有许多精彩之处，这对现代建筑特别是居住建筑可以直接借鉴。例如，丽江民居在与地形结合上利用坡地层层筑院，坡地顺等高线的街道两侧分别利用楼层及地下层做铺面的手法，在与泉水结合上门前即渠、房后水巷、跨河筑楼、引水入院的手法等等，有很高超的技巧

---

① 详见《云南民居中的半开敞空间探析》一文。

② 详见《试论云南民居的建筑创作价值——对传统民居继承问题的探讨之二》一文。

与水平，甚至让现代的某些建筑设计自愧不如，这些手法在现代建筑创作中为何不可直接应用？

当然，并非传统民居中的任何手法都可拿来，要有所取舍。例如院落式传统民居建筑创作手法的精髓，由于当代人口、土地、建筑高度、建筑密度、家庭结构等等因素的制约，在现代公寓式住宅中几乎很难再直接应用。即使能够直接应用的一些建筑创作手法，也并非只是简单地拿来，而应消化、吸收、灵活应用。例如傣族竹楼适应亚热带湿热气候，当地居民至今仍在新建这种干阑式的住宅，亦即直接利用；然而过去的楼下架空层饲养牲畜不卫生，如今牲畜另处圈养，为了尽量利用架空层从事副业甚至开商店，架空层的高度已比过去有所提高，此即功能发展带来的局部微小变化。

传统民居的创作手法不仅可以应用于现代居住建筑，而且也可发展应用于其他建筑。在近几年出现的武夷山庄、香山饭店、阙里宾舍等优秀的宾馆建筑创作以及韶山毛主席纪念馆等展览建筑中，皆可明显看到对传统民居创作手法的发展应用。

至于传统民居"以人为主"的创作意识，"因地制宜"的创作态度，"兼收并蓄"的吸取精神等优秀的创作思想，它在任何时候、任何建筑创作中都具有永恒的应用价值，永远为现代的建筑师们所追随与继承。

由上述可见，传统民居的建筑创作价值有许多可以直接应用，具有直接的继承性。

（三）关于文化价值应用与继承的复杂性

传统民居文化价值的应用与继承问题，如同关于整个传统文化的继承问题一样，具有相当的复杂性。

传统民居的文化价值有可以直接应用的一面，例如某些建筑装饰与民俗文化。大理民居的门楼、照壁所反映的白族建筑文化，在村寨与竹楼中所反映的傣族的水文化等等，不仅在现代住宅中可以发展继承，即使在其他文化类建筑中也可以直接应用。除表层文化外，深层的文化内涵也有可直接应用之处。传统民居合院所体现的"天人合一"思想，其实质就是解决人与自然的关系，这不也是现代建筑创作所要解决的问题吗？中国传统合院建筑以不变应万变的解决问题的治本方法，以及阴阳思想等等不也包含着朴素的辩证法吗？它们对于现代建筑创作的思维方法也是可以借鉴的。

然而随着时代的变化，文化现象也在变化。随着经济的发展，带来许多民族家庭体制的变革与婚姻习俗的变化；丧葬制度的改革，带来丧葬习俗的改变；燃料与炊灶的进化，火塘的逐步消失，带来火文化内容的革新。宗教文化更是不断在变，过去佛教代替了原始宗教而占上风，如今尽管它在一些民族中仍很盛行，但其影响力、约束力也在逐渐减弱。时代的不断前进，必然会使某些不符合时代的文化现象逐渐消失（如一些原始宗教的祭祀活动已不多见），或者更换内容进行改造（如一些宗教节日的庆典变成了群众性的文化娱乐与经济交流活动）。既然传统民居过去是这些文化现象的载体，如今文化现象的变化也必然反映到民居建筑及其聚落的形态之中。

传统民居的文化价值，除了直接应用、改造、摒弃三种情况之外，还有一种再创造的应用方式，这是一种深层次的发展应用。因为文化现象本身是深邃的、复杂的，只有从中提炼、概括、升华，才能得到文化现象内在的、质的印象与感受，从而创造性地应用于现代建筑创作之中：它不是传统建筑模式的照搬，而是符合传统的新模式；它不是传统符号的直接照抄，而是一种从传统中提取、创造的新符号；它不是对传统建筑的复制与模仿，而是具有传统特色的新建筑。这正是当代许多建筑创作的探索与追求，而且已形成为一种极富生命力的建筑创作思想与流派，现实中亦不乏佳作。

正如拉普普在其《住房形式与文化》一书中所阐述的，住屋的形式"是最广义的社会文化因素系列的共同结果"[①]。对传统民居文化价值的进一步发掘、取舍、提炼、创造性地应用，这是一种深层次的应用，也是最根本、最深刻的继承，因而它也最具复杂性。

综上所述，关于传统民居的继承问题不是一个简单可以回答与解决的问题，而具有相当的复杂性。只有认清传统民居的价值，以及各种价值应用、继承的可行性，才能具体地搞清楚传统民居有哪些东西值得继承，在哪些方面可以应用，这样可以为具体探索民居的传统继承问题先行理出个头绪，打下理论基础。

---

① （美）拉普普著，张玫玫译：《住屋形式与文化》，58 页，台北，境与象出版社，1979。

云南民居中的空间弹性初探①

云南因其民族的众多、地形的复杂、气候的立体性以及近代经济与科技的发展较缓慢等因素，导致至今仍遗存有类型丰富的各民族传统民居，主要的有井干式木楞房、干阑式竹楼、平顶的土掌房及各式各样的合院式民居类型。

民居的发展如同其他事物一样，都经历着一个由简单到复杂的变化过程，这个变化过程包含着人们对自然环境的选择与适应。然而各地、各民族因其地理条件、经济、文化的差异，变化的快慢呈现出明显的不同，因而其传统民居的空间组成、组合方式等也迥然不同。上述云南几种类型民居的空间发育程度及其完整性、丰富性就很不一致。无疑，合院式民居是云南民居中最为先进的一种类型，它在云南也分布最广，典型的如大理白族民居、丽江纳西族民居、昆明一颗印民居以及滇东北、滇南、滇西各地的城乡民居，一般通称为汉式民居。

分析、研究传统民居的空间特性对我们今天的建筑创作有着重要的借鉴作用。我们在对云南各类民居，特别是合院式民居的空间组织进行分析、比较中，发现有一种空间弹性，它体现出一种重要的建筑创作原则与创作方法，对现代建筑创作，特别是对现代居住环境的创造极有借鉴价值。本文仅就此作些初步探讨。

所谓空间弹性，即各类民居的空间组织虽有一种约定俗成的模式，但并非一成不变，而是常随情况变化及功能改变的需要有着一种应变的方法。

云南民居中的空间弹性，主要表现在以下几方面：

一、庭院空间的伸缩性

作为一般外向封闭的合院式民居，内部庭院具有通风、采光、绿化、养花、起居休息、儿童戏耍等多种功能，有的在其中打井取水或引水入院，在农村还有用其晾晒谷物、操作副业，庭院成了合院式民居的核心。然而云南各地气候条件状况的差异，各类民居庭院空间的大小呈现出很大的伸缩性。

在云南元江、峨山一带炎热地区的彝族土掌房，对外非常封闭，但为避免阳光辐射热，连内部天井也不设，只为了采光通风设一面积约 $1m^2$ 的采光气楼。有些地方的土掌房设有天井，但天井很小，上部开口仅约 $4m^2$，只辅助通风采光，没有生活起居功能（图 11-1a）。

昆明一颗印民居用地非常紧凑，平面方整，外部封闭，四周围以高低交错的两层住房，有一内天井仅一个开间见方，约 $10m^2$ 左右。左右两边无廊厦，正房堂屋不设槅扇门，空间敞开与天井相通，以减少小天井的闭塞感（图 11-1b）。

---

① 此文写于 1992 年 7 月，并参加"中日传统民居学术研讨会"（1992 年 11 月，北京），在会上进行了学术交流，同时刊载于会议文集。

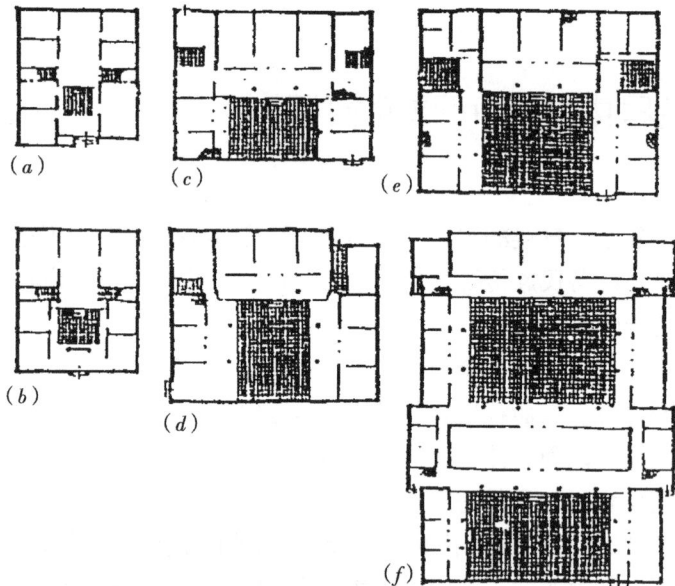

图 11-1 庭院空间伸缩性示意图

三坊一照壁是大理白族民居、丽江纳西族民居中比较标准的一种形式（图 11-1e），除一向封以照壁外，其余三坊的住屋多为两层，面向内院皆有廊厦，内院长、宽皆为三开间，约 100m² 左右。庭院的空间尺度，院内的花木布置，房、廊、院三种空间的衔接非常宜人，是生活起居极好的场所。然而，在现实中随用地的限制常作更改，如大理等民居在院子进深上压为两间（图 11-1c）；丽江某民居的院子宽度上压缩，左右厢房廊厦的檐梁搭接于正坊次间的檐梁中，使院子变为两开间宽（图 11-1d）。

大理喜州的近代富豪民居仍为三坊一照壁、四合五天井等形式，但一方面在规模上扩大形成重院，另一方面由于住宅层高加大，二层多为"跑马转角楼"（不像通常的二层檐廊后退或无檐廊），故而院子空间进一步加大，宽度达到四至五开间（图 11-1f）。

由以上情况可知，云南传统民居在处理庭院空间的尺度上并非恪守一个固定的模式，而是因地制宜，伸缩性极大。

二、堂屋空间的灵活性

在中国大多数家族团聚的居住方式中，合院式民居的堂屋既是精神上的意向中心（如神灵的祭祀处，祖先牌位的供奉处），又是生活上的起居中心（如平时的生活团聚，婚丧等重大礼仪的聚会），堂屋在合院式民居中的地位始终居首，常有肃穆、崇敬、聚合、在上的感觉。然而即使这样一个居于中心地位的空间，在处理上也是多种多样的。

大理、丽江民居的堂屋多以一组六幅隔扇门为分界（图 11-2a），门上填以六幅一组多层漏雕的精湛木雕艺术品，以重点装饰显示其地位的重要。平常只开中间两扇门进出，必要时六扇门可全部打开，也可临时全部拆除。

昆明一颗印民居的堂屋向天井则不设门或任何隔断，形成一半开敞的空间（图 11-2b）。其所以如此，原因有三：一是如前所述为了减少小天井的闭塞感；二是正坊两端房间前为

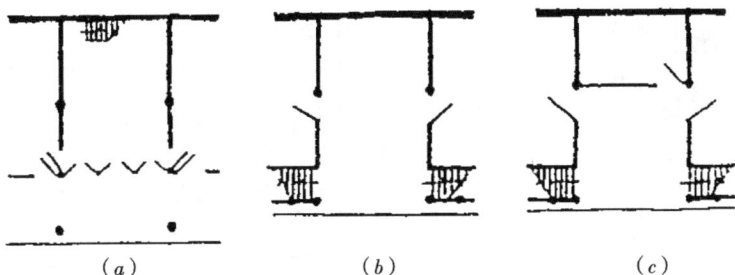

图 11-2　堂屋空间灵活性示意图

楼梯，只有通过开向堂屋的口进出，若堂屋再以门封闭则变为左右套间的外室，有效使用面积不大，不如与前廊连通空间灵活好用；三是一颗印民居占地较少，楼上楼下皆无廊厦，若堂屋再封闭，则全屋似乎没有一个较宽敞的室内活动中心场地。

一颗印民居以及巍山、昆明等地其他合院式民居中也有的将堂屋敞开而在中后设一隔断，隔断后或作老人住房，或作专用楼梯间（图 11-2c），这种做法既满足了上面所说的三点要求，又增加了有效的使用面积。

同为一堂屋，在不同情况下作不同的空间处理，这是传统民居空间灵活手法又一较好实例。

三、廊厦空间的多用性

在云南民居中，有一较外地民居更为常见的半开敞的廊厦空间，它不是只作为交通用的外廊，而是作为人们日常生活起居空间的一个主要组成部分。例如：大理民居的檐廊，丽江民居的厦子，昆明民居的游春，傣族竹楼的前廊等等，名称虽然不同，处理也有差别，但实质上都是房间与院落之间既非室内又非室外，内外交接明暗交替的过渡性"灰空间"。云南民居中这种过渡性廊厦空间其所以如此丰富，有其自然因素、经济因素、社会因素与人文因素等多种原因。①

云南民居中的廊厦空间在功能上具有广泛的用途：

一是家庭生活起居（图 11-3a），云南多数地区人民喜欢户外活动，白天不喜欢待在室内；而云南大部分地区雨季旱季分明，日照充分，雨量充沛，纯粹的室外活动或是太阳辐射热大，或是雨季不方便。因此，民居中的廊厦空间便成了适应这种气候条件与生活习俗的理想的生活起居场所，夏季这里可避雨，避太阳辐射，冬季这里又比室内获得更多的阳光。傣族竹楼的前廊既宽大（宽达 3~4m），又宽敞，光线又比房内明亮，更是最佳的生活起居空间。

二是平常接待来客（图 11-3b）。云南许多民族及多数地区人们性格豪爽、乐于交往、热情好客，他们常喜欢相约畅饮、聚会聊天，甚至一些老人也喜欢经常相约一起游玩、消闲、赏花、玩古乐。人多时常集中到郊野、公园等去处，平时少数人的往来就常在这半开敞的廊厦之中。

三是宴请宾客（图 11-3d）。在云南许多民族地区遇有喜庆都有相互宴请的习俗，在

---

① 详见《云南民居中的半开敞空间探析》一文。

图 11-3　廊厦空间多用性示意图

大理、丽江等地区半开敞的廊厦是酒宴的首选场所，若规模较大廊厦不足时再向房间内及室外庭院扩展（傣族竹楼有所不同，酒宴以房内火塘边为主）。因而大理、丽江民居的廊厦深度多以能放一桌酒席为准，柱跨约为 1.8~2.1m，净深（房间外墙面至阶沿）在 2.7m 左右。

四是操作副业（图 11-3c）。这在农村较为常见，编织竹器、纺织缝纫、织锦编带、制作手工艺品等等多在廊厦空间中进行。

云南民居中廊厦空间的多用性使它在日常生活中使用最为频繁，因而廊厦在合院式民居中也常成为装修的重点所在。房间槅扇门窗，两端精彩照壁，上部梁枋彩画，地面砖石拼花等装修使这里集中体现出地方民族文化的精华，有着强烈的人文气息。傣族竹楼前廊空间虽朴实无华，无甚装修，但它与室外庭院空间沟通，景色交融，使这里成为既舒适又精彩的空间场所。

四、空间使用的变通性

云南民居中的空间使用变通性不仅表现在各空间本身使用功能及布局上的变通，更主要地表现在堂屋与廊厦，廊厦与庭院，以至堂屋、廊厦与庭院三者必要时的功能连通。

前已述及，堂屋是合院式民居的生活起居中心。遇有婚丧等重大礼仪，通常将六幅槅扇门拆掉，使其与廊厦连成一体以扩大空间。结婚时，这里是新婚夫妇拜堂，接受宾客庆贺的中心场所，唢呐欢歌，喜气满堂；丧事时，这里是停放灵柩、设置灵台、诵经超度、宾客吊唁的大堂，嚎啕哭泣，一片悲哀。此时，不仅廊厦成为堂屋的扩大空间，实际上庭

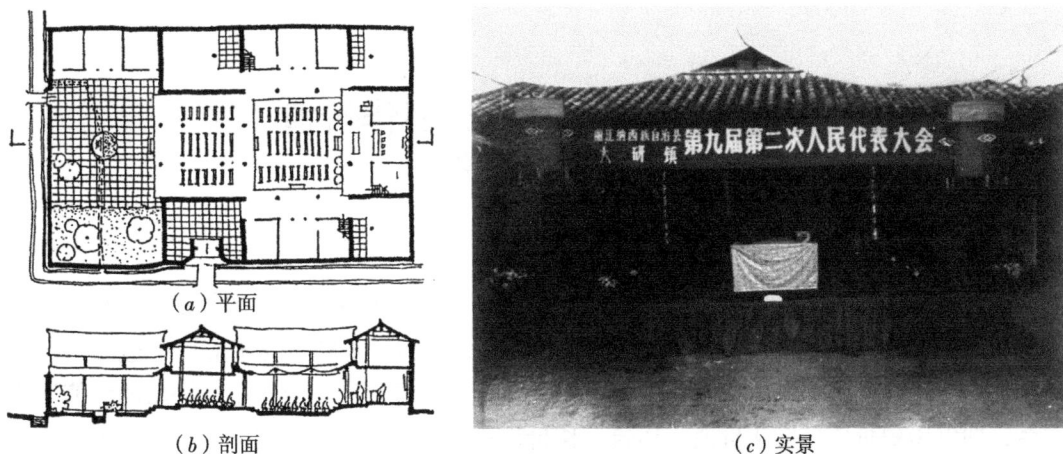

（a）平面

（b）剖面　　　　　　　　　　　（c）实景

图 11-4　空间使用变通性示例

院也成为接待宾客的缓冲地段与过渡空间。在遇有新婚之喜、生子满月、生日祝寿等重大喜庆，主人大宴宾客时，少者十余桌，多者前后分批数十桌，这时堂屋、廊厦、庭院三者也常常连成一体，室内外皆餐饮之所，桌椅杯盘遍布，欢声笑语满场。

尤为令人惊奇的是，笔者于 1983 年在丽江调查民居时，曾亲见一起在传统民居中召开镇人民代表大会的实例（图 11-4）；堂屋的六幅槅扇门拆除后变成敞厅用作主席台（正房地坪本来即最高），堂屋前的三间厦子作台口；庭院顶上以透明的塑料布临时搭盖，院中放条凳，用作观众席；民居中部的花厅（此为前后两重院式民居）前后的槅扇门皆全部拆除，作为观众席的后部延伸（地面自然高起）。这样，俨然如一个完整的正式会场：前面舞台，地坪高起；后连庭院，空气流畅；上有顶棚，透光遮雨；地面座位，前低后高；四周宁静，没有干扰；长宽高低，空间适度。这样的会场可供百余人在其中开大会，实在令人叫绝。

这种特殊需要时多个空间连通使用的变通性，是云南传统合院式民居空间处理方面的又一精华。这也与云南多数地区气候温和，室内外温差不大的宜人气候条件分不开。

上述云南民居中的空间弹性表现说明：民居中的三种主要空间即室外的庭院，室内的堂屋与半开敞的廊厦不仅本身具有伸缩性、灵活性、多用性，而且三者之间具有使用上的变通性。传统民居中的这种空间弹性体现了一种因地制宜与灵活适应的建筑创作原则，也提示了一种以不变应万变的建筑创作方法。这不正是现代建筑创作，特别是现代居住环境的创造中为适应现代生活瞬息万变的需要而寻求的创作原则与方法吗？云南民居空间组织上的这种优秀传统手法及其所体现的先进创作原则对现代建筑创作无疑是一种启示，值得我们深入研究、发掘，并予以借鉴，让优秀的传统在现代建筑中加以发扬。

试论云南民居的建筑创作价值^①

——对传统民居继承问题的探讨之二

笔者去年在桂林召开的"第三届中国民居学术会议"上宣读了拙作《试论传统民居的价值分类与继承——对传统民居继承问题的探讨》，指出对传统民居不应以一般鉴别历史文物的三个价值（历史价值、科学价值、艺术价值）来评价，而应建立一种新的价值评价体系，即以历史价值、文化价值、建筑创作价值三者来衡量。同时文中指出传统民居的历史价值无法继承，建筑创作价值可以直接继承，而文化价值的继承具有复杂性。

对传统民居建筑创作价值的探讨是当前民居深入研究中的一个重要方面。

众所周知，由于种种原因，云南民居类型丰富、特色鲜明、保存完整，它在中国传统民居中可谓独树一帜。它们的历史价值、文化价值已为世人所公认；而其有无建筑创作价值或其建筑创作价值何在？这不仅在老百姓中看法不一，即使在建筑界也并非清晰一致。本文即对云南民居的建筑创作价值作一初步探析。

—

传统民居的建筑创作价值最主要的表现于其建筑创作手法。关于云南民居的建筑创作手法，通过初步研究可以概括为以下四个方面：

（一）适应环境的建筑形态与布局

气候、地形、地理状况等自然环境是民居形成的一个重要因素，一般说来适应者生，不适应者亡。云南至今传承下来的民居类型同样如此。

1. 建筑形态与气候环境相适应

从云南民居的几种主要形态来看，皆与气候环境有密切的关系。底层架空的干阑式建筑（俗称竹楼）主要在滇南及滇西南，那里多为湿热地区，底层架空有利于通风、防潮、防虫兽。平顶的土掌房一是在滇西北迪庆一带，那里属高寒山区；一是在元江一带，那里是干热地区，土掌房墙体及屋顶良好的保温、隔热性能使其适应而传承下来。吸收中原汉式民居特点的合院式民居大同小异地分布于滇中及云南各地，它们的外向封闭性适应着云南各地风大的特点而创造了一个舒适的内庭院环境，如大理民居、丽江民居等。至于井干式木楞房过去多在滇西北怒江一带的山区，是适应当地林木丛生，就地取材之便并利用厚实的木材本身的御寒性而产生的，如今虽因保护林木而少见，但仍有残留。

2. 群体布局与地形环境相协调

丽江古城的总体布局具有较高的科学性。它北靠象山、金虹山，西枕狮子山，东、南

① 此文为对传统民居价值论研究的第二篇论文，写于 1992 年 10 月，参加了"第四届中国民居学术会议"（1992 年 11 月，景德镇），并在会上宣读；后刊载于《中国传统民居与文化》（第四辑）（中国建筑工业出版社，1996 年 7 月）。

图 12-1 丽江新华街剖面

两面开朗辽阔。这样，秋冬季节西北寒风为高山所阻，使古城免受严寒侵袭；春季东风吹抚，花木欣荣；夏季南风通畅，热气尽除。[①]

丽江新华街处于西靠山东临河的窄长地界内，街道两边的建筑布局常形成如图 12-1 所示的剖面，两侧的商店分别为西边民居的地下层及东边民居的楼层，非常精彩。

大理的村落及民居布局皆以东向为主，这与其所处地理位置有关。其西以苍山为屏障，东向洱海开敞，苍山的溪水也顺坡由西向东流向洱海，背西面东的村寨及民居布局与地形自然适应。

3. 民居个体与山水环境相默契

以丽江民居的两组建筑为例：新华街的一组建筑（图 12-2），利用坡地就势筑院，院落层层相套，内院空间起伏而有变化；忠义村的一组建筑，随渠弯曲布置房屋，平面形成锯齿形，外景空间丰富而有韵律。云南民居中像这类遇山不大填大挖，而是顺坡就势，逐级而上以减少土方开挖，遇水不截流填渠，而是随水布局，就水发挥并借水利用等等的优秀实例不在少数。这些精彩的处理无不包含着对地理环境的尊重与适应。

（二）富有弹性的建筑空间处理

各类民居的空间组织通常有一种约定俗成的模式；然而他们并非一成不变，而是常随情况变化及功能改变的需要有着一种应变的方法，此即为弹性。云南民居中空间处理的弹性主要表现在以下几个方面[②]：

1. 庭院空间的伸缩性

合院式民居的内部庭院具有通风、采光、绿化、养花、起居休息、儿童戏耍等多种功能，农村还用其晾晒谷物、操作副业。然而云南各地因气候条件的不同，经济水平的高低，庭院功能的区别及用地状况的差异，各类民居庭院空间的大小差别极大。图 12-3 所示分别为元江土掌房、昆明一颗印、大理某宅、丽江某宅、典型三坊一照壁、喜州近代富豪宅第等不同民居的平面，其中庭院小者 $4m^2$，大者近 $150m^2$，因地制宜，伸缩性很大。

---

① 参见朱良文：《丽江纳西族民居》，昆明，云南科技出版社，1988。

② 详见《云南民居中的空间弹性初探》一文。

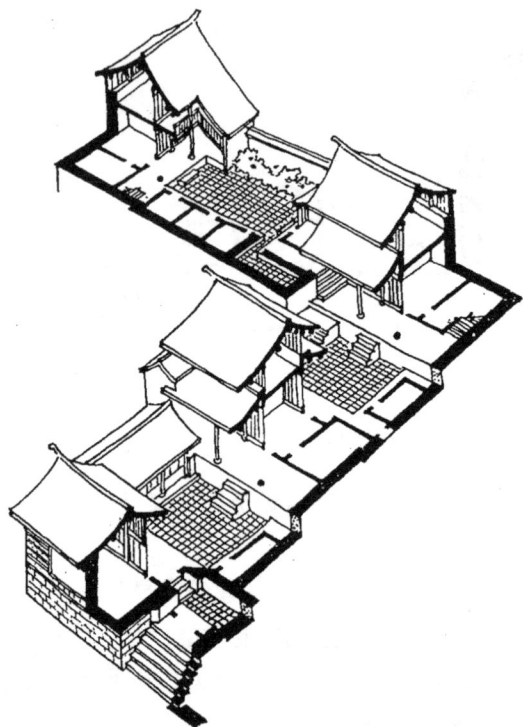

图 12-2 利用坡地就势筑院的丽江某民居

(a)

(b)

(c)

(d)

(e)

(f)

图 12-3 云南民居庭院空间伸缩性示意

2. 堂屋空间的灵活性

在合院式民居中，堂屋既是精神上的意象中心，又是生活上的起居中心。然而即使这样一个居于中心地位的空间，处理上也多种多样。大理、丽江民居的堂屋多以一组六扇槅扇门封闭；昆明一颗印的堂屋不设任何隔断而向天井敞开；在巍山、昆明等地的民居中，也有的将堂屋敞开而在中后部设一隔断，隔断的后面作老人住房或楼梯间。其所以如此，也是随民居占地大小、天井宽窄，以及堂屋两侧厢房的进出方式等不同情况所作的不同的灵活空间处理。

3. 廊厦空间的多用性

在云南民居中，有一较外地民居更为常见的半开敞的廊厦空间，如大理民居的檐廊，丽江民居的厦子，昆明民居的游春，傣族竹楼的前廊等等。它们不仅作为交通用的外廊，而且是生活空间的一个重要组成部分。在功能上具有多种用途：一是家庭生活起居，二是平常接待来客，三是日常操作副业，四是必要时宴请宾客。这些与云南各地的气候条件及人们的生活习俗分不开。云南民居中廊厦空间的这种多用性使它几乎比厅、房等空间使用更为频繁，因而也常成为民居中的装修重点所在。

4. 空间使用的变通性

云南民居中的空间使用变通性不仅表现在各空间本身使用功能及布局上的变通，更主要是表现在堂屋与廊厦，廊厦与庭院，以至堂屋、廊厦与庭院三者必要时的功能连通。如遇婚丧等重大礼仪，通常将堂屋的六扇槅扇门拆掉，使其与廊厦连成一体以扩大空间；大宴宾客时，堂屋、廊厦、庭院三者也常连成一片，室内外皆餐饮之所。笔者于1983年在丽江还曾亲见一起在传统民居中召开镇人民代表大会的实例（图12-4）：堂屋拆门作舞台，三间厦子作台口，庭院盖塑料顶棚作观众厅，花厅拆去前后槅扇作观众席的延伸，可容百

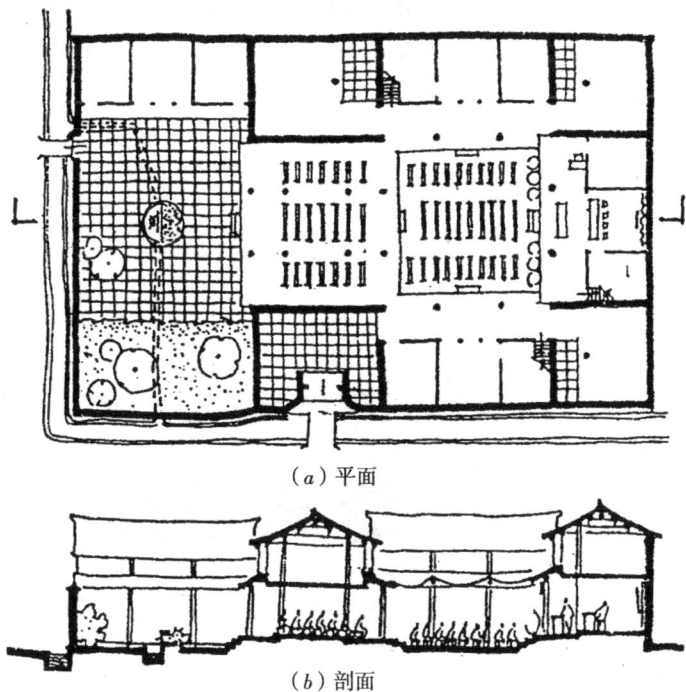

（a）平面

（b）剖面

图12-4　丽江民居中开大会示例

余人在其中开大会，实在令人叫绝。

前述各种建筑空间的处理，体现了一种因地制宜与灵活适应的原则，揭示了一种以不变应万变的建筑创作方法。

（三）适用经济的建筑材料与技术

民居是没有建筑师设计的建筑，是民间老百姓自己的建筑，他们最了解当地的情况，也最懂得如何经济、简便、灵活地处理材料与技术问题。云南民居在材料与技术方面与其他地方民居有类似的特点：

1. 经济便宜的地方建筑材料

木、竹、土、石是传统民居最常用的建筑材料，云南民居亦然。

云南多数地区盛产木材，民居中木材运用最为广泛，主要用作木构架、楼地板及门窗，也有用作板墙的。如今在城镇民居中因木材日趋减少，但在云南广大农村及山区新民居中仍广泛使用。只是过去一些高寒山区用原木垒墙的井干式民居因耗木量过大，如今已逐渐淘汰。

滇南、滇西南亚热带地区盛产竹子，因而产生竹柱、竹楼板、竹编墙、竹梯的干阑式"竹楼"。后来虽因竹不耐久而多用木结构代替，但真正的竹楼至今仍可见到。至于竹编墙在瑞丽傣族民居中至今还是很有特色与装饰性的墙体材料。

夯土或土坯是云南各地民居大量使用的墙体材料，生土不用烧结，只是夯实、晾干即可，使用简便（图12-5）。为防雨水冲刷，墙外多用灰浆抹面或贴特制的面砖，勒脚部位因防水而用石砌；墙角则多用砖包角，俗称"金镶玉"。这些都是充分掌握了生土材料性能后在特殊部位采取的保护措施。

石材的运用也非常丰富。仅大理民居中即有卵石墙、块石墙等不同的处理，甚至有用近4m长的条石作梁的"过江石"；名贵的大理石则常用作门楼、照壁等重点部位的装饰贴面材料。用块石或地砖、卵石、瓦碴等简易材料组合的铺地在丽江、大理民居中也很常见。

上述皆体现了传统民居用料的地方性、经济性原则。

2. 简便适用的建筑技术处理

云南为多地震区，许多地区的民居在抗震技术上有较好地处理。穿斗木构架本身的柔性节点对地震即有较好的适应性，故有"墙倒屋不塌"之称；更有一些地区在木构架中用

图12-5　云南传统民居最常见的材料与构筑

图12-6　昆明"一颗印"民居的屋面

地脚梁、串坊等加强措施，或在内墙面加木顺墙板等装饰、防护合一的措施，更提高了其抗震性能。

屋面防漏是民居中最需重点解决的基本问题之一，云南民居最简单的办法即是尽量避免斜沟以减少漏雨的可能性。除有漏角天井的"三坊一照壁"、"四合五天井"等类型民居本身不产生屋顶相交以外，对于无漏角天井的"一颗印"民居来说，三坊重檐屋顶本来极易产生屋面相交，可是传统做法巧妙地调整正坊与耳坊的室内地坪及楼面高差，使屋面相互穿插而不相交，避免了斜沟，简化了建筑技术处理（图12-6）。

3. 标准而灵活的建筑施工方法

民居的构筑一般没有专门的施工队伍，而是靠几个工匠带领老百姓自己动手，因此要有一套简便、易于掌握的模式。这一套模式在各地经由工匠的口诀传承下来，使群众知道在什么情况下房屋开间、进深、高度用多大的尺度，构架用多大的料子等等，此即最原始的"标准化"。然而这些"标准化"的模式并非一成不变，特殊情况下常被灵活地处理。例如丽江民居的基本形式是"三坊一照壁"、"四合五天井"，但现实中却找不到一幢标准的，或随地面坡度，或随地形形状，或随水渠曲折而不断变化，即使在一幢建筑内几榀木构架也常不同处理。此即标准化与灵活性的结合。

（四）丰富多彩的建筑艺术处理

云南由于少数民族众多、民居类型丰富，因而在民居的建筑艺术处理上也多姿多彩。

1. 丰富优美的建筑造型

西双版纳傣族干阑式竹楼架空的底层，略斜的墙身及硕大的歇山屋顶造成了其独特的建筑形象，再配以周围的热带植物，一派田园风光（图12-7）。元江、峨山一带的彝族土掌房以其土墙与平顶的简练处理而形成淳厚朴实的建筑风格。宁蒗摩梭人的木楞房以古老的井干式垒木墙与木板瓦屋顶的组合，使其形象古朴而神秘；丽江纳西族的合院以显著收分的墙身及深厚的悬山屋顶所造成的阴影，使其造型舒展而洒脱；大理白族民居清新、秀丽而流畅；昆明一颗印民居别致、紧凑而玲珑。可以说，云南民居的建筑造型真正是千姿百态、异彩纷呈。

2. 富有特色的建筑空间

从个体建筑而言，傣族竹楼架空的底层、半开敞的前廊与室外晒台及庭园空间融汇而流通；大理及丽江民居以半开敞的宽大的廊厦作为花木丛生的内庭院与室内空间的自然过渡（图12-8），同样达到融汇流通的效果。

再以建筑群体来说，丽江的街道与山、水结合，高低曲折，形成丰富而生动的街景空间；大理周城的戏台广场、丽江四方街集市广场等则以其宜人的尺度、良好的视野给人以亲切的空间感觉。元江、峨山一带的土掌房随山坡逐级而上，形成平屋顶层层叠叠的群体轮廓；版纳傣族村寨竹楼成片，纵横交错的歇山屋顶绵延，加上高耸的佛寺屋顶穿插其间，使村寨轮廓丰富而动人。

这些空间效果很值得现代建筑创作所借鉴。

3. 具有地方性、民族性的建筑装饰

大理民居的门楼（图12-9）、照壁、山花富丽而生动，丽江民居的门楼、照壁、铺地

图 12-7　西双版纳的傣族竹楼

图 12-8　丽江民居宽大的厦子

图 12-9　大理民居的门楼

图 12-10　傣族村寨的路亭

朴实而清秀；哈尼民居的屋脊装饰生动而有情趣，傣族竹楼的孔雀山花灵巧而动人；大理白族民居的木槅扇雕饰精美雅致，德宏傣族民居的竹编墙图案简洁明快。云南各地、各民族虽因经济发展水平不同而对建筑装饰的追求层次不一，但都各有特色。

二

　　传统民居的建筑创作价值不仅表现于其建筑创作手法上，而且表现于其创作思想上。云南民居从建筑创作思想上分析，可以简单地归纳为以下几点：

　　（一）从人出发、以人为本的创作意识

　　合院式民居对院以及傣族竹楼对园的精心经营，大理、丽江民居对半开敞廊厦的重点装修等等，体现了人们对自己居住环境舒适度的追求；而傣族村寨中的路亭（图 12-10）、路椅、水井的设置，不仅体现了对自己，而且体现了对他人的关怀。丽江街头的三眼井分饮用池、洗菜池、洗衣池三级台式处理，体现了人们对生活环境自觉的行为约束；民居建造过程中常有的互助共建方式，民居对婚丧喜嫁等民俗活动考虑的充分适应性又体现了传

图 12-11　新建的竹楼底层普遍提高以供利用

图 12-12　大理白族民居的庭院

统民居的社会特性。这些都体现了传统民居的人性创作原则，一切从人出发、以人为本。

（二）因时制宜、因地制宜的创作态度

同样是大理民居，周城一带以木构架、土坯墙为主，古城南门外则以块石或卵石建筑为主，相距仅数十里，充分体现了因地制宜、就地取材。同样是傣族竹楼，过去以竹为主，现在以木为主，并且已出现了以砖、木或砖、混凝土混合结构为主的"竹楼"（图12-11），这又体现了因时制宜，不断发展。过去的竹楼底层架空层关养牲畜，现在随卫生要求提高而将牲畜外迁，底层用来贮藏，从事副业，甚至于提高架空高度用来开商店作餐馆，时代发展，民居也在变化。这就是一种因时、因地制宜而不断发展的创作态度。

（三）兼收并蓄、融汇于我的创作精神

在民居发展的过程中，各地区、各民族之间互相学习、取长补短、相互融汇，这是必然的趋势。好的拿来，融汇于我，这在云南民居中颇为多见。云南的合院式民居正是吸取了中原汉族合院的特点而发展起来的，但各地在融汇中又不失去"我"，大理白族民居的清新秀丽（图12-12），丽江纳西族民居的洒脱飘逸，昆明一颗印民居的紧凑别致，各自特色鲜明，并非中原汉式民居的照搬。同样，在西双版纳地区布朗族受傣族竹楼影响，德宏的旱傣民居受汉族民居影响等等，但都存在着这种融汇而不失自我的精神。民居演变过程中的这种兼收并蓄、融汇于我的创作精神正是传统民居不断发展的动力之一。

结语

云南传统民居具有很大的建筑创作价值，其表现在建筑创作手法与建筑创作思想两方面，其中的许多创作原则与方法也正是现代建筑创作所追求的，是值得我们继承的。然而，传统民居终究是传统民居，不能直接搬到今天的新住宅上来，更不能直接搬用于如今那么丰富的各类型建筑中。真正的继承在于适应时代，取其精华，在发展中继承。

弄清云南民居的建筑创作价值所在，正是为了探索其精华。虽然在建筑的渐变发展中，为了取得文脉联系，不可能不求一点形式上的相似之处，但形式毕竟是次要的；重要的在于在发展中继承传统民居内在的精华，而不只是外在的形式。

从彝族民居谈建筑的民族性与地方性[①]

彝族是我国西南地区人口最多的一个少数民族，约有 500 多万人，分布于云南、四川、贵州、广西四省区。云南彝族占彝族总人口的 3/5 以上，约 300 多万人。云南的绝大部分县市都有彝族分布，以楚雄州、红河州和哀牢山、滇西北小凉山一带较集中。大部分彝族都是以大分散小聚居的状况，与其他民族交错而居。这样的广阔分布与集居方式必然带来其住居形式的多样性。

概括来说，彝族民居有下列四种主要类型：

（1）垛木房——滇西北山区、林区；

（2）土掌房——滇南干热地区；

（3）一颗印——滇中平坝地区；

（4）木板房——四川大凉山贵族住房。

上述这四种民居形式，其平面（生活习俗）、材料、结构、造型皆不一样。由此可见，一个民族的建筑形式及其所体现的民族性不是单一的，有的简单，有的复杂，与该民族分布及集居方式有关。

建筑的民族性是不断发展形成的，它是各民族生活、信仰、审美观念在住居上的物化表现，必然要体现为某种形式或符号。如晋宁石寨山出土文物反映的长脊、短檐两坡屋顶，可能是山墙入口遮雨功能需要而产生的一种较成熟的形式，今天看来可以认为是彝族先民居住的典型形式之一，可以将其视为彝族建筑民族性的一种形式表现，可是如今这样的形式在彝族民居中已找不到（景颇族民居屋顶便有点类似）。四川大凉山彝族贵族木板房的檐口牛角形木雕挂饰纯粹是为了显示其贵族（奴隶主）地位与身份，这种装饰构件可视为建筑民族性的一种符号。如今云南大量存在的土掌房黏土屋顶因支承需要而使密肋圆木伸出墙外，形成了一种特殊的形式，也可将它视为彝族民居民族形式之一。这些不同时期形成的具有典型意义的形式或符号说明，建筑的民族性不是一成不变的，它是建筑发展到一定成熟阶段的标志。

建筑形式的形成离不开地方的地理、气候环境因素所起的重要作用。彝族民居在不同地方有着不同的形式（山区的垛木房，干热地区的土掌房，平坝地区的一颗印等）即是一种证明。而且，同一个地方不同的民族有着相类似的建筑形式，例如：元江——彝族、哈尼族、傣族皆有土掌房民居；宁蒗——彝族、普米族及摩梭人（纳西族分支）皆有垛木房民居；昆明——彝族、白族、汉族皆有一颗印民居；西双版纳——傣族、布朗族、哈尼族、基诺族等皆有竹楼等等。这更说明地理、气候因素对建筑形式的重要作用。因此，建筑的民族性离不开地方性。

不过对于上述后种情况来说，其中除了建筑形式与地理条件的适应性以外，还有一个

---

① 该短文写于 1995 年 7 月，参加了"第六届中国民居学术会议"（1995 年 8 月，乌鲁木齐）的交流。

文化交流作用的问题。一个民族迁徙到一个新的地方，必然与当地的土著民族产生文化交流，这种文化交流也必然促进建筑的发展。在交流中，文化影响力强大的必将影响到弱小的，科技文化先进的必将影响后进的，建筑形式适应性强的必将影响适应性弱的。随着交流与同化，在一个地方形成了一种主导的建筑形式，这种形式的民族性含义相对来说已较次要，而更多地具有地方性含义。因此，在多民族杂居的地方，建筑的地方性比其民族性具有更大、更普遍的意义。

尽管同一个地方各民族建筑类型有相同之处，但其建筑内涵还是有差别的，差别仍然来自于各民族生活习俗、宗教信仰、审美观念的不同。例如：彝族与摩梭人的民居在宁蒗一带同样是垛木房，但其婚俗不同（摩梭人至今仍存在着"阿夏婚俗"），宗教信仰不同（摩梭人信奉喇嘛教），反映在民居的平面功能与布局及室内装饰上皆有很大的差别。再如，傣族与爱伲人（哈尼族分支）的民居在西双版纳同样是竹楼，但因其生活习俗不同（傣族长幼男女卧室不分间，爱伲人男女分间，成年子女另住小房子），建筑的平面布局迥然不同。上述的不同之处是同一地方不同民族建筑民族性的最重要的区别。由此可见，民族文化是形成建筑民族性的重要因素之一。

从彝族民居的丰富性与复杂性，可以看出建筑的民族性与地方性之间既联系又区别，既相关又不同的辩证关系。它对我们今天的建筑创作具有如下几点启示：

（1）建筑的民族性与地方传统是建筑创作的源泉之一。源泉来自两个方面：一是物质——构件、材料、色调、符号等等；二是思想方法——因时、因地发展，不能一成不变。

（2）建筑创作要在传统的提炼上下工夫，照搬没有出路。时代在变，生活在变，物质技术在发展，因袭传统既不符合事物的发展规律，也不符合建筑民族性、地方性的本义。只有将传统中最本质的、最成熟的、最具典型意义的特色提炼出来，才能有新的创造。云南阿庐古洞洞外建筑群的建筑创作具有一定的参考价值。

（3）对民族文化的理解与把握是地方性、民族性创作的灵魂。例如彝族的火文化、虎文化、十月太阳历以及出土文物等都具有深刻的文化内涵，在建筑创作中对它们深刻体验与发掘，往往可以从中获得灵感。如云南民族村彝寨的大门、太阳历广场等创作是富有新意的，有较强的创造性。

试论传统民居的经济层次及其价值差异[①]
——对传统民居继承问题的探讨之三

拙作《试论传统民居的价值分类与继承——对传统民居继承问题的探讨》《试论云南民居的建筑创作价值——对传统民居继承问题的探讨之二》分别在中国民居第三次（桂林）、第四次（景德镇）学术会议上宣读并刊载于有关学术刊物[②][③]。进一步思索，仍觉言犹未尽。

何谓传统民居？俗言之即民间老百姓的传统住居。众所周知，不同时代、不同地域、不同民族有着不同的民居。但还有一个问题值得重视：各地"老百姓"历来都有穷富之分，其住居也必然千差万别，大不一样，因此民居也有一个经济层次的问题，其价值也不尽相同。如何区分民居的经济层次以及分别认识其相应价值，此即本文所要论及的问题。

一、传统民居的经济层次区分

在民居调查研究时，我们会碰到各种各样的对象，有的富丽堂皇，有的破破烂烂，有的是深宅大院，有的仅有陋室一间。应该说，它们都可属传统民居，但按经济状况来说，它们可以区分为四个层次。

（一）原始层次的民居

在经济极不发达的山区或一些经济进展缓慢的民族中，至今还保留着不少反映其较原始自给农耕生活甚至狩猎生活状况的住居，这在云南的山区仍随处可见。例如反映母系社会雏形的宁蒗摩梭人住居，反映低级农耕生活的沧源佤族民居及大姚山区的彝族木楞房等皆属此列；此外，黄土高原的窑洞、草原的蒙古包等亦属这一层次。

由于经济、技术的不发达，这一层次的民居一般规模较小，空间组合简单，材料、技术较原始，造型朴实，室内外通常缺乏装修。

（二）普通层次的民居

在近代城镇、集镇、村寨中普通老百姓大量居住的民居即属这一层次。由于量大而普遍，在各地有一些已成为通用的典型形式，例如我国各地的合院式民居（三合院、四合院、昆明一颗印、广州竹筒屋等），城镇街肆宅店结合的民居，我国南方城乡大量存在的干阑式民居（云南傣族竹楼、广西侗族吊脚楼等）。

这一层次的民居在我国各种传统民居中最具典型意义。其规模适中，空间组合变化多

---

① 这也是在传统民居价值论研究中有针对性的有感而发的一篇论文，写于 1996 年 8 月，参加了"第七届中国民居学术会议"（1996 年 8 月，太原），并在会上宣读；后刊载于《中国传统民居与文化（第七辑）》（中国建筑工业出版社，1999 年 6 月）。

② 朱良文：《试论传统民居的价值分类与继承》，载《规划师》，1995（2）。

③ 朱良文：《试论云南民居的建筑创作价值》，见《中国传统民居与文化》（第四辑），北京，中国建筑工业出版社，1996。

端，材料、技术较成熟，各地造型丰富多彩，室内外装修适当。

（三）富裕层次的民居

各地都有一些经济富裕的富商、大贾、士大夫阶层，他们的府第一般皆为深宅大院。例如福建的五凤楼、北京的多进四合院、云南喜州的严家大院等。

这种富裕层次的民居一般规模大，空间组合丰富，材料、技术较为考究，造型华丽或有一定气势，室内外装修较为豪华。

（四）特殊层次的民居

在我国某些地方有极少数官僚、买办、权贵拥有自己特殊的庄园、大院，例如江苏吴县东山的雕花楼、云南建水的朱家花园，这些可划为特殊层次的民居。

这类民居多半为宅园结合，宅店结合（大商号）或宅宫（官府）结合。其规模宏大，建筑及园林空间丰富，材料、技术在当时皆为最先进的，造型及室内外装修皆追求富丽堂皇、雕梁画栋，竭尽奢侈，甚至不惜工本引进外地材料、技术及装饰手段。

二、不同经济层次民居的价值差异

对于不同经济层次的传统民居，不同的人抱着不同的目的有着不同的兴趣与反映。一般旅游者对原始层次的民居不会有太大的兴趣，而历史学者、人类学者则孜孜以求；富裕层次及特殊层次的民居，现在往往被文物、旅游部门开发利用，某些甚至被确定为文物保护单位供人们观赏、游览，普通游客一般对其兴趣较浓，建筑工作者往往也从其庭园环境、装饰中吸取精华；对多数建筑工作者来说，最有兴趣研究的可能还是那些普通层次的民居。这说明各种层次的民居有其不同的价值，概括来说：

（一）原始层次的民居一般有着较重要的历史价值，其中有些是历史的活化石。从中往往可以寻觅以下一些内容：

（1）反映某一民族、某一历史时期的社会组织结构与经济方式。例如反映母系社会的摩梭人住宅，反映父系家族经济的基诺族大房子，反映家族观念的福建土楼，反映游牧经济的毡房等等。

（2）反映经济的发展与宗教的关系。例如：从游牧经济向农耕经济过渡时期，原始宗教往往在定居与村寨的形成中有明显的反映（寨门、寨心、神树等体现）；佛教、伊斯兰教、基督教以及民间宗教（如白族的本主庙）等在民居及村寨中往往有突出的反映。

（3）反映各地各时期的民风、民俗与生活方式。例如对火的崇敬，对水的爱护，以及图腾崇拜、婚丧习俗、生育观念、社交方式等等都忠实地记录于各地各民族较原始的民居中。

（4）反映当地较原始的建筑材料与技术以及相应的经济水平。

（二）普通层次的民居由于其规模不大，经济能力不强，因而在利用地形，与山、水的结合上，在室内外空间的策划、布局与利用上，在材料、技术的巧妙运用上往往更会动脑筋想办法，而且造型一般比较简洁，手法多变，装修适度得体。因此，这一层次的民居最具建筑创作价值（以下再述）。

（三）富裕层次的民居更多地体现在文化价值上：

（1）它往往具有较大的规模及较完整的空间，这种空间的组织通常遵循着一定的"序"（如尊卑观念），体现了一种文化内涵（如"天人合一"的思想），反映了一定的整体观念。

（2）它往往具有较丰富的装修（屋顶、檐口、照壁、铺地、门窗隔扇、天花、地面、柱础、陈设等等），这既是一种显性的文化，其中也体现着某些吉祥观念。

（3）它往往具有较多的人文气息（如诗书字画等），文化层次较高。

上述文化价值对建筑创作当然会有影响，有些可以直接利用（如装饰图案）。

（四）特殊层次的民居通常与园林、宫室、商埠等结合，其规模更大，各地至今保留下来的多数已被列为文物保护单位，可见其更具文化及旅游价值。具体说：

（1）在园林环境、造园手法上，它们往往具有较高的价值，如苏州的私家园林。

（2）在建筑装饰上（石雕、砖雕、木雕等），它们常常有一些精品具有较高的文化价值。

（3）因某些人物（如领袖或名人故居）、事件、环境的特殊原因，它们往往具有某种特殊的文物价值。

三、从建筑创作角度看民居

历史学者、人类学者、文化学者、艺术家等从不同角度研究传统民居，发掘其不同的价值；建筑学者研究民居无疑更注重其建筑创作价值。

从建筑创作角度看民居，我认为最具典型意义的应该是普通层次的民居。因为：它是传统民居建筑的主体，反映民间广大老百姓的真实生活；其经济水平符合当时社会对大量性居住建筑的要求；同时因其规模、经济等条件有所限制，它必须在建筑上动脑筋想办法、进行"创作"，因而最具建筑创作价值。

建筑学者从普通层次民居中可以得到什么启示？我想最主要的在于其建筑创作思想与建筑创作手法两方面。在建筑创作思想上具体体现在：从人出发、以人为本的创作意识；因时制宜、因地制宜的创作态度；兼收并蓄、融汇于我的创作精神。在建筑创作手法上具体体现为：适应环境的建筑型态与布局，富有弹性的建筑空间处理，使用经济的建筑材料与技术，丰富多彩的建筑艺术处理等等[①]。

当然，普通层次的民居最具建筑创作价值，并非原始层次、富裕层次、特殊层次的民居就不具建筑创作价值。从建筑创作角度看民居，前者最具典型意义，并非后者就没有意义。正如我们研究建筑不能狭隘地就建筑论建筑一样，研究民居同样不能狭隘地只看某一层次的民居而不看其他层次的民居。

然而本文强调从建筑创作角度看民居是有一定针对性的。回顾在传统民居研究中，初期多表现为阐述调查资料，就民居谈民居，分析其形式；近几年比较多地上升到文化上来研究民居并形成热潮（特别在拉普普《住屋形式与文化》一书发表以后）；更有一些年轻的建筑学研究生近几年引进人类学、文化学、民俗学等知识来观察民居，视野扩大，研究愈益深化。但是在深化中如何再进一步从建筑本身角度研究传统民居的建筑创作价值则显得不足，甚至个别认为传统民居文化内涵丰富，但"空间简单，技术落后"，言下之意"无

---

① 详见《试论云南民居的建筑创作价值——对传统民居继承问题的研讨之二》一文。

其建筑创作价值"。这种片面的错误看法原因在于对各种经济层次的民居区分不当、观察不全、研究不深、以偏概全所致。这也是为什么现在对传统民居的研究很热，但在新民居中吸取传统民居的精华很少、继承很难的原因之一。

对传统民居继承问题的探讨，建筑学者相对于历史学者、人类学者、文化学者、艺术家等来说肩负着更直接、更现实的责任。对传统民居建筑精华的继承最终还是要落实在建筑上。虽然历史学、人类学、文化学、民俗学等研究对传统民居的继承都将产生重要的、积极的促进作用，但它们代替不了对建筑本身的深化研究。随着对传统民居继承问题探讨的深化，更细致地区别传统民居的经济层次，深入地辨别其价值差异已属必然。

对传统民居消失与出路问题的思索①

每年的研究生课中总有一次带领他们去考察昆明市内的传统民居，所看是经多年考察所精选的 8~10 幢。可是去年 11 月去却大吃一惊，其中 6 幢已在前几个月因建设需要而拆除。由此引起了我许多思索：当前传统民居为什么会大量消失？传统民居能够保护住吗？传统民居的出路何在？对它的研究究竟有何意义？下面即是对其中一些问题的思考所得。

一、传统民居消失的原因何在

尽管大量的研究者呼吁应加强对传统民居的保护，然而现实中传统民居仍然在不断消失，尤其当前我国各城市正处于开发热中，传统民居的消失速度更是惊人。我们无法阻挡这种潮流，不断消失看来不可避免。事物的发展总有一定的理由，细想一下，传统民居的不断消失也有其一定的原因：

（1）我国人多地少，人口密度较高，随着人口的增长，用地不足，在城镇中传统的 1~2 层的民居已无法适应现代建设用地的要求，只有拆除民居建高楼。

（2）现代生活导致家庭结构的变化，过去的大家族向小家庭过渡，一个家族住在一个大院内的方式已不适应现代小家庭生活的要求，子女外迁导致传统的合院由外人进入居住（公房分配或私房租借）而成杂院，民居院落的优越性开始丧失。

（3）传统民居的上水、下水、暖、电等设备缺乏，适应不了现代物质生活的要求。

（4）由于现代观念的变化，导致人们宗教信仰、生活习俗等方面的改变，传统民居已不能适应现代精神生活的要求。

（5）传统民居木结构、土坯墙、自建方式等不适应现代城镇大量建设与施工的要求。

（6）低层、高密度的传统民居存在密度大、道路窄、防火性能差等问题，这也是造成传统民居不断消失的重要原因之一。

（7）传统民居的平面、空间有时利用不充分，较为浪费，不适应现代住宅经济的要求。

总之，随着经济的发展、生活的前进、生活功能的丰富、传统民居在许多方面已不适应现代生活的要求，这是导致其不断消失的主要原因所在。

二、传统民居的出路何在

最近云南丽江古城在省建设厅及县领导主持下，经有关专家根据历史价值、文化价值、

---

① 该短文写于 1997 年 1 月，是为我所主持的国家自然科学基金项目《云南民族建筑及村寨环境的传统继承与更新研究》中相关问题所拟的一个今后实际工作的思路。该文参加了"第八届中国民居学术会议"（1997 年 8 月，香港）的交流，原篇名为《试论传统民居的消失与出路》。

环境价值、科学价值与地方特色等五条标准鉴定，确定了 46 幢重点保护民居及 66 幢保护民居予以挂牌保护。这虽不是创举，但在一个古城内如此大规模地挂牌保护传统民居（这是第一批，据说还有第二批、第三批），这在当前不能不说是一个了不起的决定。然而这一举措只是在正在申报世界文化遗产的丽江古城内；对大多数的非古城、名城来说，今天不大可能，今后也很少有这种可能。那么传统民居的出路究竟何在？我想有以下几种不同的情况：

（一）原物保护

对鉴别确定为历史文物的民居应原物保护。这当然是极少数。原物保护有两种方式：

（1）原地原物保护。对某些带有明显环境特征的重要的历史民居遗存（如一些少数民族现存的古老民居及其环境原型）以及名人故居等因其历史价值应在原地原物保护；另有一些古老大屋（如山西祁县的渠家大院、江苏吴县东山镇的雕花大楼、云南建水县的朱家花园等）因其艺术或文化价值亦应在原地原物保护。

（2）原物移进博物馆保护。对一些有历史价值、科学价值或艺术价值的典型古老民居在原地保护非常困难的（如西双版纳基诺山上原有的反映氏族社会的"大房子"，20 世纪 80 年代初还完整存在，可惜 20 世纪 80 年代末已被拆毁），可以完整地搬移进博物馆保护。这种搬移应该是原物搬移，最好任何一个细节都原样陈列，而不应该带有任何"创造性"或"美化"等等。

（二）原型异地搬迁

某些有很高价值但不属文物的传统民居，因教育或旅游需要可以原型异地搬迁。这当然也属极少数。原型异地搬迁也有两种方式：

（1）原部件异地集中重建。如安徽徽州的潜口民居群即将附近散居各地的皖南民居原物的部件拆卸到这里集中重建，起到较好的效果。

（2）按原型在异地重建。如深圳的中华民俗村、昆明的云南民族村等皆属这一类型。这种重建虽应忠于原型，但为旅游及教育需要并不完全拘泥于原型，多少带有了一点"提高"。

（三）就地保护，内部改造

在一些名城、古城中可以对部分有价值的传统民居或群落进行挂牌就地保护，如安徽歙县的斗山街、丽江最近确定的 112 幢民居等。这毕竟也是少数。这种就地保护只能保护其外貌及外部环境，因为仍然有人在里面居住，必须满足这些人现代生活的要求，因而内部某些设施可以改造，其功能也可以适当改变（如改作旅馆、茶室等）。

（四）创作新的"传统"民居

传统并不是一成不变的，传统的继承亦需发展。我们今天看到的称作"传统"的民居也有明、清、民国各时期的时代性，并非真正原始的民居（巢居的民居等）。它们必然适应当时的生活要求，但一定保持着与当地传统文脉的联系。今天大量的民宅需要适应现代生活的要求，应在吸取传统精华、继承传统文脉的基础上，运用现代的技术、材料与手段，创作出具有当地特色，在未来可称作"传统"的新民居来。这种情况相对于前三者来说应该属于大多数。

三、对传统民居研究的意义

既然传统民居的不断消失不可避免，其出路除少量特别的保护外，主要还在于创作新的"传统"民居，为此我们既不能做"卫道士"来阻挡历史的潮流，也不应抱着"无可奈何花落去"的态度无所作为。我们必须面对现实，认真研究，积极保护，着意创新。

我们今天对传统民居研究的意义在于：

（1）鉴别具有历史文物价值的民居，确定保护对象。

（2）认真研究各地传统民居的原型与技术，在搬迁中防止走样，同时研究其技术的时代性。

（3）对确定要保护的民居要研究具体的保护办法、措施与政策。

（4）认真研究传统民居的建筑创作价值与文化价值，一边吸取其精华继承其文脉，一边创作新的"传统"民居。

（5）把传统民居这一没有建筑师设计的建筑在创作思想与创作手法方面所蕴藏着的巨大的创造性作为我们建筑师的创作源泉，在现代各类建筑创作中吸取其精髓，借鉴其灵魂，激发我们的灵感，探索具有地方民族特色与时代特征的新建筑。

云南民居及其环境辨析[①]

云南地处我国的西南边陲，这里居住着 26 个民族，是我国民族最多的一个省份。25 个少数民族的人口 1000 多万，约占全省人口总数的 1/3。由于云南得天独厚的自然环境，多山（山地占 94%），多森林，多大河（金沙江、怒江、澜沧江、元江），多深谷，不少地区的山上与河谷间呈现出立体的寒、温、热三种气候。由于高山大河，交通闭塞，因而过去的经济发展较为缓慢。然而正因如此，也导致了其传统民居的类型丰富、特色鲜明，至今仍保存有较完整、古老的居住形态。

一、 云南民居的基本类型及其总体环境特征

云南的传统民居大体上有四种主要的类型：

（一）井干式木楞房

分布于滇西北怒江、迪庆、宁蒗等地，是云南古老的民居形制之一。其特征是就地面起建屋，墙壁为圆木垛叠而成，在四角有简单的榫卯联结，双坡闪片屋顶。

井干式民居多分布于盛产木材、气候寒冷、经济文化欠发达的山区，因地形及防火需要多为散居。

（二）干阑式竹楼

分布于滇南、滇西南的西双版纳及德宏一带。它是我国古老的民居类型之一，曾广泛流行于我国古代长江流域及其以南地区，现仅在云南、广西可见。其特征是底层以柱架空，竹木结构为主，草或缅瓦歇山式屋顶。

干阑式民居多分布在炎热潮湿、盛产竹木、多雨的平坝地区，由于通风需要，它多数是单幢独立成庭院式布局。

（三）平顶土掌房

分布于滇西北迪庆及滇南元江一带，是地道的云南乡土建筑之一。其特征是土筑墙，土筑平屋顶，热工性能好（防寒、隔热均好）。土掌房民居多处于向阳缓坡的山地，由于适应地形及气候寒冷或炎热的特点，房屋紧密相靠而连成片，整个村寨屋顶形成台阶式的平台。

（四）合院式民居

分布于全省各地，典型的有大理、丽江、昆明、建水等地民居。其特征是以院落为中心的内向组合，瓦屋面坡顶。

合院式民居多处于经济稍发达的平坝地区，城镇型居多，为节约用地其布局较为紧凑，经常各院紧密毗连，规则工整，成街成坊。

---

① 此文为参加"海峡两岸传统民居建筑保存维护观摩研讨会"（1997 年 4 月，台湾）所拟的一篇学术报告稿，并在台湾师范大学举行的这次会议上进行了交流。报告中原配有插图幻灯片 22 幅，因与本文集前后文中插图有重复，故删除。

除上述主要类型外，还有哈尼族的蘑菇房、瑶族的叉叉房、大理石库房等等。

二、 云南民居环境处理手法探析

（一）与山坡地形环境的结合

元江一带的土掌房多处于山坡地上，在总体布局上成片相连，建筑随地形高低错落，不拘一格，极富变化；屋顶成为整个村寨的平台体系，前后左右贯通。村寨及民居与地形结合得十分巧妙。

丽江新华街处于西靠山、东临河的窄长地界内，横向坡度较大。街道两边的建筑常随高就低，两侧商店分别为西边民居的地下层及东边民居的楼层，处理非常精彩。

丽江新华街的一组建筑利用坡地就势筑院，院落层层相套，内院空间起伏变化，与地形结合非常自然。这种顺坡就势逐级而上的处理大大减少了建设的土方量，也最大限度地减少了对地形的破坏。

（二）对水体自然环境的利用

丽江古城内有着曲曲折折丰富的泉水水系，整个古城的街道布局与水系结合而形成高原水乡，大街临河，小巷临渠，跨河筑楼，引水入院，古城布局特色鲜明。

丽江的"激沙沙"小院是一引水入院的典型实例，水穿过厨房、小院而出屋，室内随时水声潺潺。至于将水引入庭院既可浇花，又增景色之处理，在丽江随处可见。忠义村一组建筑随渠弯曲布置房屋，使平面成锯齿形，外景空间丰富而有韵律。在丽江街头的三眼井分饮用池、洗菜池、洗衣池三叠按顺序分格处理，充分利用并保护水体，老百姓使用也极其自觉。腾冲和顺乡在村寨临河边的各种水亭布局，既有功能作用，又极富特色。这些随水布局，就水发挥并借水利用的处理手法非常精彩。

（三）与自然气候环境的协调

底层架空的干阑式民居有利于潮湿地区的通风、防潮、防虫兽。土掌房墙体及屋顶良好的保温、隔热性能既适应迪庆一带高寒山区，又适应元江一带干热地区，故在这两个地区传承下来。合院式民居的外向封闭性适应着云南各地风大的特点而创造了一个舒适的内庭院环境，如大理民居、丽江民居等。云南一颗印民居虽属合院，但因昆明地理纬度较低，太阳高度角大，故其庭院比北京四合院小得多，因而布局极其紧凑，这也是与气候环境协调处理的一例。

（四）对内外庭院环境的构筑

西双版纳的傣族竹楼是一种屋外有园的独立式庭院住宅，而大理、丽江等地的合院式民居则是屋内有院的合院住宅。二者虽形式不同，但对庭院环境的构筑都极其精心。

傣族竹楼在多数情况下各户皆以竹篱、绿化围合自成一院，宅居院中独立布置，宅四周除前部通道及副业活动场地外，院落中大量种植果木、蔬菜，有的以丛丛翠竹簇拥，有的以木瓜、香蕉等热带水果点缀，间或有高耸的椰子、槟榔树矗立，一派亚热带的田园风光，环境清幽而舒适。

丽江、大理的合院式民居不论三坊一照壁或四合五天井，皆有一空间适度、铺地精巧的院，其间常设置花台，点缀果木或摆放大量盆花，加上廊厦中常吊以鸟笼，大有鸟语花香之境界。

（五）对廊厦空间环境的营建

云南民居中廊、厦等半开敞空间极具特色，如大理民居的檐廊、丽江民居的厦子、昆明民居的游春、傣族竹楼的前廊等等，它们不只作为交通用的外廊，而是生活空间的一个重要组成部分，如家庭生活起居，平常接待来客，日常操作副业，必要时宴请宾客等，这些与云南各地宜人的室外气候及人们的生活习俗分不开，因而各地对廊厦环境多精心营建。

大理、丽江民居的廊厦除对面向廊厦的槅扇门窗精心雕琢以外，对两端照壁亦常以大理石等装修，铺地、天花亦很讲究，成为民居中的装修重点所在，以营建一种宜人的生活环境。丽江民居的二楼厦子有时还设有美人靠，供人坐息并观赏楼下庭院的花木。

傣族竹楼的前廊除空间宽大以外，亦常设有靠椅，以供来客坐息或家人纳凉、操作副业。这些半开敞的廊厦使室内外空间自然过渡、融汇流通，环境极其舒适。

（六）对室内环境的安排

堂屋是各类民居的核心，在功能上它是家庭起居、接待宾客的中心，在精神上也素有崇祖敬神、规范礼仪之作用。因而各地民居的堂屋安排皆有一定的规矩。

许多少数民族如佤族、傣族、哈尼族等民居堂屋皆设有火塘，火塘在家庭中是神圣的，一般皆有许多禁忌，如不得跨越，不能随意敲打，三脚架不得移动，不得断绝火种，不得焚烧不洁之物，甚至柴禾从何方添加以及火塘旁座次等也有讲究。

汉族、白族、纳西族等民族合院民居的堂屋过去通常设有案桌、八仙桌、太师椅等家具，是家庭聚会的中心，也是日常起居及接待宾客的主要场所。每遇逢年过节、婚嫁迎娶、祝寿发丧等重大事件，常将其六扇槅扇门拆掉，与廊厦、庭院空间连通，以适应人多、穿流之特殊需要。

三、 云南民居及村寨环境的存在问题及改善刍议

（一）整体环境设施亟待解决

云南许多少数民族特别是边远山区的民族村寨至今缺乏完善的道路设施，多为自然形成的泥路，牲畜、车辆、人流同行，崎岖不平，雨天泥泞，晴天扬灰。

上下水设施亦普遍缺乏。目前城镇民居的饮水已多为自来水，而山区村寨多用天然的山泉水，部分水质达不到卫生要求。至于下水设施在农村特别是山区村寨则普遍没有或不完善，带来了环境的污染。

解决道路及上下水设施，至今仍是云南大多数民族村寨及民居改善环境的首要问题。

（二）村寨卫生环境需要改善

近二三十年，许多民居中人畜不分的状况已逐渐得到改善，牛马等大牲畜多数已迁出民居庭院或干阑式楼下架空层以外，然而猪羊等牲畜有些仍在院内甚至宅内，平时也在村寨中放养，这给村寨及民居的卫生环境带来很大的影响。

山区、农村部分村寨因积肥需要多用私家简易厕所（旱厕），缺少公厕，卫生状况欠

佳；部分较大的村寨虽已设有公厕，但因缺乏下水设施，卫生状况同样很差。至于部分少数民族因生活习俗带来的问题（如傣族习俗有时在河中便溺造成水体的污染），则需通过教育移风易俗，改变习惯，亦需设施的配合。

关于少数民族村寨垃圾的收集、处理，目前因量少而未提上日程；而较大的城镇型村寨至今亦未予重视，致使多数垃圾倒向水体或沟壑，带来水体及环境的污染。

上述问题皆应通过相应设施予以解决。

（三）室内空间环境需要有效利用

民居室内环境常随家庭经济状况而定，目前云南许多少数民族的经济水平仍非常低，因此室内环境也多半处于无装修、低层次的状态。然而在少数民族民居中室内空间的容量并不小，其中虽有堂屋、卧室、厨房、储藏或楼上、楼下等空间之分，但空间利用并不充分，许多空间中经常杂乱堆放。尤其许多民居的楼上空间基本上堆放杂物或散堆粮食谷物，空间未获有效利用。这既与一般民居面积较充足有关，也与生活习俗有关。随着经济水平的提高，室内空间环境需要改善，同时亦需有效利用空间环境，这涉及改变观念的问题。

（四）民居室内光环境极需改善

云南的许多少数民族民居（特别是农村或山区型）由于构筑简单或生活习俗原因，对外常不设窗户，致使室内光线很差，有些更因常年火塘烟熏，使得室内白天也漆黑一片。即使一些经济状况稍好的民居也很少开窗。随着经济水平的不断提高，生活内容的不断丰富，这一问题在今后需要逐步加以改善。

（五）民居私密环境有待改进

云南许多少数民族因婚姻习俗的不同，在民居中常有不同的分室方法。傣族的卧室为一大统间，不分室，长幼按辈分顺序平行排列帕垫席楼而卧，仅以蚊帐分隔，私密性差。爱伲族（哈尼族分支）则成年子女住主屋旁另建的小房子，主屋内按男女性分隔两间，许多少数民族民居对环境的私密性不太讲究，这与他们的生活习俗及观念相关。然而随着经济的提高，生活的进化及观念的改变，一些少数民族民居的私密性环境有待改进，这从最近傣族的新民居中出现分室现象即可得到证明。

传统民居是没有建筑师设计的建筑，其中有许多环境处理的优秀手法是当地老百姓在生产生活实践中的创造，这些手法具有很大的建筑创作价值，应该认真总结，加以借鉴。

然而由于经济水平的低下，云南少数民族特别是边远山区少数民族的民居及村寨环境存在着许多最基本的问题。这些问题虽然必须通过经济水平的提高才能解决，但有意识地引导与帮助，提出改进措施是我们建筑师义不容辞的职责。

试论城市特色与传统民居①
——对传统民居继承问题的探讨之四

传统民居的价值已愈来愈为人们所认识，但其与现代城市建设之间的矛盾亦是不言而喻的。如何让传统民居在现代化城市建设中发挥作用是一个需要认真探索的问题。本文试图从认识与方法方面作一探讨。

一

影响城市特色的基本因素不外乎三点：地域因素（地理环境、自然山川、气候特征等），民族因素（生活习俗、行为方式、道德标准、审美情趣、宗教信仰等），历史因素（历史文化、历史事件、人文典故等）。而构成一个城市或城镇特色的要素，我认为主要在两个方面：一是环境特色，二是文化特色。

从环境特色而言，包括山水、花木、气候、特殊景观、街道广场、建筑园林等等。例如：山水桂林、西湖杭州、花城广州、牡丹洛阳，春城昆明、冰城哈尔滨，泉城济南、石林路南（属昆明市），再如大连的广场、绍兴的水街、丽江的古城风貌、苏州的私家园林等等，它们都以其特有的环境风貌而闻名。

从文化特色而言，包括历史文化、地域文化、民族文化、宗教文化、民俗文化、人文文化等等。例如：古都北京、名城西安、西域喀什、南疆三亚、傣乡景洪、白乡大理，以及喇嘛寺庙林立的拉萨，佛窟艺术灿烂的敦煌，再如以古瓷扬名的景德镇，以风筝著称的潍坊，孔子故里曲阜，鲁迅故乡绍兴等等，它们亦以其特有的文化积淀而取胜。

二

传统民居在一个传统城市或城镇中对其特色所起的作用是不言而喻的，概括来说它既是环境特色的体现，又是文化特色的载体。具体说：

（一）传统民居是城市形态风貌的典型表现

由于传统民居在任何地方、任何时候都是最本质地反映当地的自然气候与地理条件，它在所有建筑中最具本土性，因此它也最具地方特色，在以下几方面表现着传统城市的形

---

① 本文初稿《试论城市特色与民居的传承》写成于1998年7月，参加了"第九届中国民居学术会议"（1998年8月，贵阳）的交流。后来在2008年4月初应中国民族建筑学会之邀出席在海南举办的《海南地域建筑文化（博鳌）研讨会》，并受邀在会上作"传统民居与城市特色"的学术报告，为此重新准备了一个多媒体演示稿，对前文的基本论点做了一点补充，并用大量的实例图片阐述其论点。现将以原文为基础，参照后稿适当修改而形成的此文《试论城市特色与传统民居》编入文集，图片从略。

态风貌。

（1）民居的平面布局是城市总体格局的重要基础。例如北京的工整的四合院组成城市规则的网格状城市格局，而丽江民居随山水而自由的布局则与丽江古城的自由格局相辅相成。

（2）民居的形象外貌（包括造型、轮廓、色调）是城市整体风貌的重要组成。例如江苏周庄的水乡风貌、安徽黄山的屯溪老街等无不由民居（包括商铺）外貌及其环境风貌构成。

（3）民居的环境空间（包括内部院落空间及外部街巷空间）是城市环境特征的重要表现。例如大理白族民居家家有花的内院，昆明传统的前店后院，下铺上宅的民居——商业街道空间等构成了传统城镇的特色空间环境。

（二）传统民居是地方民俗文化的集中载体

由于传统民居是城市中最大量的最基层的人们——老百姓生活起居、栖息的场所，它承载着人们在其中的日常生活，因而也必然记录着人们的文化活动，反映出文化氛围，包容着文化内涵。

（1）民居反映出地域文化的特色。例如广州民居临街的骑楼，北京民居内院宽大的四合院，丽江民居内庭宽大的廊厦等既是地理气候等自然条件的反映，又是造就地方文化习俗的场所。

（2）民居体现出宗教文化的特征。例如伊斯兰教的礼拜寺、叫拜楼，佛教的寺庙，基督教的教堂以及一些地方宗教建筑（如大理白族的本主庙），它们无不与城镇民居有着不可分割的联系。

（3）民居展示着民俗文化的风采。例如各地民居都有其家庭礼仪秩序、待人接客程式、婚丧喜嫁习俗、内外装饰趣味等等展示。

综上所述，传统民居在环境及文化两方面都与传统城市特色有着密切的关系，对体现传统城市特色具有举足轻重的作用。

三

传统民居随着城市现代化建设的进程必然暴露出许多矛盾，如设施不足、缺乏维修、居住质量低、环境差、防灾能力弱等等，因此不可能因为它的特色作用而原封不动永远保留。今天它在现代城市中如何发挥特色的作用？我认为可以通过以下几种方式：

（1）有选择地划出成片的街区加以保护，修缮并改造内部，形成现代城市中的传统风貌区。

这种做法在国外很多，如日本的京都祇园以及妻笼、马笼等等。现在我国也开始在城市中进行这种传统风貌区的保护工作，如最近被列入世界文化遗产的山西平遥、丽江古城；昆明拟辟出文明新街片区进行整体风貌保护；上海已开始进行传统里弄的整片保护规划与内部改造设计。

保护外部风貌首先必须和改善内部条件相结合，如减少人口密度，提高居住标准，完善水电设施，改善居住条件等等；其次对外部风貌设计（立面、材料、色调、花纹、环境、小品等）必须精心，应尊重历史原貌，同时有所提高。

（2）根据需要在与城市现代功能结合的前提下，适当新建富有传统民居特色的街区。

兴建具有传统特色与风貌的步行商业街是最为常见的，这在我国许多城市都有这种做法，如北京琉璃厂、南京夫子庙、黄山屯溪老街等，昆明目前正在建设的金马碧鸡步行街亦是。这种街区的新建多半是应旅游需要而设，它对城市中传统风貌的展现有益，然而它如何适应现代功能要求值得探讨。例如，传统的店铺经常是每户一至两个开间门面，下铺上宅，功能简单；现在仿建楼上若作住宅常常不适应现代生活要求，若不作住宅而作商店则营业效益很低，于是经常利用率很低甚至空着。为此必须改变营建方式，将楼上连通作商场，头尾有相应的楼梯或自动扶梯上下，为此就必须打破传统的营建方式，只有统一建设才可能。

此外，在有的城市中现在也在探索新建富有民居特色的居住区，如北京的菊儿胡同等所谓类四合院，其出发点是保持传统四合院的邻里交往空间，但其容积率、土地利用率等与开发商追求的经济效益矛盾甚大，只有在特殊情况下才行得通。然而对于一些高档居住社区来说，因其每户居住面积较大，层数较低，环境要求较高，容积率低，这对运用传统民居的手法是较为有利的，如苏州桐芳巷、成都清华坊等。

（3）把传统民居所承载的地方、民族、民俗文化转嫁到新的建筑群或个体建筑中。

这属于现代建筑创作中的传统手法运用问题，例如桂林常将民居手法大量运用于风景园林建筑或园林宾馆等即是。

对现代建筑创作中的传统手法运用，目前有从造型上，从装饰符号、装饰构件上，从空间上，从室内外环境小品上等等的取向，这里不再赘述。应该说对于历史文化名城、古城、老城的新旧结合部，这是值得探索运用的方法。丽江古城很美，新城虽然避开了古城，但新城丝毫不考虑与古城的呼应，新城建筑又在走与外地千篇一律的道路，这也是不可取的。

（4）更重要的是借鉴当地传统精华，从传统民居中吸取营养，来营造现代城市的本土特色。

笔者以前的几篇拙作论及了传统民居的历史价值、文化价值与建筑创作价值以及它们的继承性问题，其中许多价值是可以在现代城市的特色营造中继承的。具体来说，在城市选址中，传统非常重视与山、水、"气"（即"风水"）的关系；在城市布局中，传统对地形、地势、朝向（日照、风向）的把握都极为尊重、适应；在城市景观中，传统对景观轴线、视觉焦点、制高点的借景、对景等运用也非常重视，手法高超；而在城市环境中，传统非常讲究人性的尺度，人与环境的和谐，处处渗透着以人为本的人性原则。这些精华，正是现代城市所要追求的特色、特质与高品质。这也是传统民居继承中最核心的问题与最根本的东西。

从傣族竹楼谈传统民居的建筑艺术[①]
——傣族新民居探索中的构思札记

一

建筑艺术对任何人都不陌生，只不过对其体验随着不同人的理解而有高低、上下、深浅之分野。一般来说，建筑艺术的创造来源于设计者（建筑师）的设计理念及创作才能，其效果由人们在实践中来评说、认可。

传统民居通常属于一种"没有建筑师的建筑"，若有则是当地的工匠或户主——老百姓自己。那么，其有无建筑艺术可言？建筑艺术何在？

世界上的民居千万种，其"建筑艺术性"也千差万别，无法一概而论。然而通过研究可以发现，传统民居不仅具有建筑艺术性，而且还相当"精彩"。概括说来，它包括建筑创作手法及创作思想两个方面。例如我们从云南民居的研究中可以看到其适应环境的建筑形态与布局，富有弹性的建筑空间处理，适用经济的建筑材料与技术，丰富多彩的建筑艺术处理等创作手法；也可看到其从人出发、以人为本的创作意识，因时制宜、因地制宜的创作态度，兼收并蓄，融汇于我的创作精神等创作思想[②]。当然，这是对云南传统民居的整体而言，并非每一种、每一幢都全面具有，而只是各有其特色。

就傣族竹楼而言，其建筑艺术性已为许多人所共识。从傣族竹楼的个体来看，来源于当地气候条件所形成的干阑式架空布局与"歇山式"屋顶组合的丰富造型别具一格，其独门独户的庭院布局与亚热带植物的配置使其环境极为幽雅。从傣族村落的群体来看，无论是平坝或者缓坡地带，傣族村落往往傍依小河而隐没于郁郁葱葱的绿树丛中，格调清新而景色迷人；村寨中的幢幢竹楼与处于高处或者村头显著地位的小乘佛教佛寺之高耸屋顶相组合，使其群体轮廓既丰富优美而又有韵律感。这只是对傣族竹楼建筑艺术简要而不全面的阐述，若结合傣族的宗教信仰、民风民俗等人文景观综合来看，对其建筑艺术可以进行更深入的剖析。

二

民居是一种与人们生活息息相关且随时代与生活不断向前发展的建筑类型。傣族竹楼从第一代真竹结构、草顶的竹楼到第二代木结构、瓦顶的"竹楼"，以及近十余年来不

---

① 这是 2002 年 12 月应肖默先生之约为《建筑意》所写的一篇短文，后《建筑意》第二辑（中国人民大学出版社，2003 年 10 月）以《傣族新民居探索札记》之篇名刊出，少量改动失去了原意，故此处仍按原稿编入文集。文中原有插图 13 幅，鉴于其在本文集相关文章中已有展示，故此处删除。

② 参见朱良文：《试论云南民居的建筑创作价值》，见《中国传统民居与文化》（第四辑），1 页，北京，中国建筑工业出版社，1996。

断出现尚未定型的砖柱"竹楼"、砖墙落地的傣楼，以至钢筋混凝土结构的"竹楼"等等，可以清楚看出傣族传统民居不断发展的轨迹，其建筑艺术也是在不断演变的。

民居发展过程中建筑艺术的演变大致有两种情况。一是沿着传统向前发展，尽管时代在变，生活内容在变，材料结构在变，但其建筑艺术的传统特色仍在延续发展。二是因某些因素导致突变，使传统的建筑艺术特色消失，有的是部分消失（如架空干阑消失而屋顶的特色依然存在），有的是完全消失，例如近几年傣族村寨中出现了少量平顶式的新民房。

对于后一种演变，是多种因素所致。一方面有一定的客观因素制约，如因木材缺乏而改用砖柱，后发现砖柱抗震性能差而用砖墙；钢筋混凝土结构虽好，但价格太贵（每幢约15~16万元），超过当地老百姓现阶段要求每幢7~8万元的经济承受能力而无法推广；相反平顶的新民房倒满足了抗震及经济二者的要求。另一方面的主观因素决定于领导者、老百姓以及设计者等种种对于建筑艺术的不同看法与追求。若把民居只当作一种居住功能的满足，则可能就无建筑艺术可言，如一些灾后的临时居所、工棚。然而《为穷人的建筑》（Architecture For Poor）一书的作者，当代世界著名建筑师，埃及的哈桑 · 法赛则反对一般设计穷人的房屋只是基于一种人道主义的心情，忽视美观，甚至否定视觉艺术的做法。对他来说，即使是粗陋的泥土做成的拱或穹隆，也要使之具有艺术的魅力，这就难怪他能获得"这一世纪真正伟大的建筑师之一"的美誉。

我国现在各地城镇，尤其农村所出现的大量建筑艺术低劣的"新民居"，虽然有着因经济条件制约的因素，但更多、更重要的是因其领导者、居住者乃至"设计者"对建筑艺术的无知及无所追求所致，这也可以从我国目前一些"先富起来的小康村"之"别墅式民居""整齐排列"的单调乏味中得到印证。

三

20 世纪 80 年代，笔者曾多次赴西双版纳等地对傣族建筑作调查研究，对那里的竹楼倍感兴趣，也曾著有《中国南部傣族的建筑与风情》（THE DAI Or the Tai and Their Architecture & Customs in South China）一书在泰国出版。然而 1995 年再赴版纳时，书中的部分优秀竹楼实例已被砖墙落地傣楼及平顶的新民房所代替，惊讶之余实感无奈与悲哀。深究其原因，对老百姓来说，一是正如前述因材料、经济等客观因素所致；二是因其对"现代生活"向往而对竹楼的建筑艺术价值无知。所幸版纳州建设部门的领导对于傣族竹楼的这种"特色危机"也有清醒的认识，但虽竭力反对，大力劝阻，然而收效甚微，因为拿不出具体的办法。这倒将了我们这些只知"研究"、"赞扬"、"反对"、"呼吁"的"学者"们的军：论著虽有用，却无法解决现实中的问题。一种对社会的责任感促使我们双方携手合作，在当地政府及国家自然科学基金、云南省自然科学基金各方的支持下，我们开始共同进行傣族新民居的实验研究与实践探索。探索的核心是如何在当地老百姓经济能力承受的范围内（具体说一幢竹楼在 8 万元以下），用新材料、新结构盖出有传统建筑艺术特色的"傣式新竹楼"来。

关于这种实验研究的方案探讨、材料选择、结构选型、施工实验以及探索的艰难性等等不属本文阐述范畴，可见笔者另文①及专题研究报告。从建筑艺术的角度而言，"干阑式"及"歇山顶"这两者是傣族竹楼典型的建筑艺术"特色"，是"形"之典型所在。这种外在的"形"并非人为臆造，其源于适应当地炎热、潮湿、多虫蛇等亚热带气候条件之内在的"神"。既然气候条件至今未变，因其"神"所致"形"之特色为什么非要丢掉不可呢？为此，我们紧紧抓住这两点，虽然功能、材料、结构、平面形式有所发展变化，但人们认同的傣族竹楼形象不宜突变。从1999与2000两年中实验建造的四幢"傣式新民居"来看，它们基本上得到当地领导及老百姓的认可，并已有推广之势，有关媒体也宣传"傣家人搬进了第三代傣式竹楼"，这说明它起到了探索、引导的作用。

当然，实验探索中还有许多问题存在，对于其建筑艺术的争论话题也未间断。对我们来说，实验探索尚未完结，一些后续的研究还在进行，离成功路途还甚远。我们只希望由此开始的探索不断有人进行下去，也希望几十年后后人评论我们这一代人探索出来的仍然称之为"傣式建筑"或"新一代竹楼"，若能如此，就说明"建筑艺术"在其中担负了继承传统与发展创新的应有责任。

---

① 朱良文:《走实验之路，探竹楼更新》，载《新建筑》，2000（2）：12。

不以形作标尺　探求居之本原①
——传统民居的核心价值探讨

一、对传统民居价值论研究的再思考

任何事物只要有价值，人们就会研究它，并加以利用，对传统民居的研究热潮至今不衰正是如此；但是研究者有时也会陷入茫然。从 20 世纪 80 年代初笔者开始接触云南民居之后，常常被云南各地、各民族传统民居的丰富多彩所打动；但直到 80 年代末，面对经常碰到的一个问题："你们对这些传统民居那么感兴趣为什么不来住？"竟不知如何回答；现实中更是随着各地建设的发展，大量的传统民居被拆毁。"专家"与群众、领导、开发商之间巨大的认识反差，是传统民居保护艰巨性的根源。经过较长时间思索，觉得有必要理性回答这一问题，于是开始了传统民居价值论的理论研究。

从 1991 年起，笔者先后在多届中国民居学术会议上发表了《试论传统民居的价值分类与继承》《试论云南民居的建筑创作价值》《试论传统民居的经济层次及其价值差异》等多篇论文，后分别刊于《规划师》《中国传统民居与文化》等书刊。基本观点是：不能把大量的传统民居等同于文物；它具有不同于文物的三种价值：历史价值、文化价值、建筑创作价值；不同的民居其价值不尽相同，应区别对待；最重要的是要继承传统精华，为今后的建筑创作所利用。

近十年来，人们对传统民居的保护意识有所增强，新民居探索无论在城市房地产开发或新农村建设中都有所发展，人们对传统价值的认识似乎有所提高。然而实践中又出现了一些盲目复古、拆真建假、混淆地域传统差异、保护维修中的破坏等另一类问题，其实质是对传统价值的认识只重外表形式，不谙内在真谛。2005 年 10 月笔者在海峡两岸传统民居学术研讨会（武汉）发表的《深化认识传统，明确保护真谛》（刊于《新建筑》2006 年第 1 期）一文，即是基于此的有感而发。

时至今日，对传统民居的研究无论在广度、深度、学科的交叉上都在不断发展，特别是新农村建设的迅猛推进更把传统民居的继承问题推向前沿，然而人们对于传统民居的保护、价值利用、继承与发展的认识仍然不一致，传统民居在发展中某些新功能能否进入，新民居外表形式与传统"像与不像""似与不似"等常成为议论的焦点，传统民居的价值如何继承，什么是其最根本的价值取向等问题尚值得探索。再三思考，本文拟从居之本原出发来对传统民居的核心价值作一点探讨。

---

① 这是在对传统民居价值论的多年思索后，面对新形势，特别是新农村建设、新民居探索中所出现的新问题，于 2009 年 8 月所写的一篇探索传统民居核心价值——最根本的价值取向的论文。该文在"第十七届中国民居学术会议"（2009 年 10 月，开封）上曾作为主旨报告之一，后刊载于《中国名城》2010 年第 6 期（2010 年 6 月），并收录刊载于《中国民居建筑年鉴（2008—2010）》（中国建筑工业出版社，2010 年 9 月）。

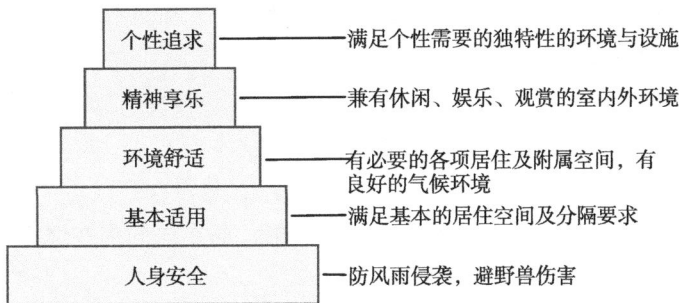

图 19-1 居之需求的五个层次

二、从民居的本原谈起

所谓民居乃民之居所，传统民居如此，现代民居亦如此。既是民之居所，本原是居，居的需求包括物质与精神两个方面，物质需求第一，精神需求次之。笔者参照美国心理学家马斯洛关于环境需求五个层次的论点，也提出关于居之需求的五个层次（图 19-1）。笔者从不反对精神文化对住屋形式的作用，但对住屋形式起决定作用的还是物质需求，一个适应环境的、便于生活的居所。

在对云南一些边远少数民族的传统民居研究中可以发现，愈是经济落后的地区，原始宗教信仰在住屋营造中所起的作用愈大，从择地、选材到神柱设置、上屋脊、贺新房等，都有一套祈祷仪式；认真分析这些仪式，实质无非是为了祈求居之平安。在经济发达地区的今天，随着物质生活的富裕，人们对居所室内的休闲、娱乐、社交等空间需求增多，对室外园林、健身、交友空间等需求亦增多，这也是居之精神享受功能的扩大，实质还是为了满足居之享乐。上述两者的核心都是居，这是从传统到现在、到未来，所有住居之本原。

正如我国当代的建筑创作在经过改革开放后二十多年的探索，在各种建筑思潮熙熙攘攘的碰撞之后，有人提出需要冷静地回顾一下建筑的本原一样，我们对传统民居的研究，今日回归一下居之本原，甚有必要。探求居之本原，亦即探讨传统民居的核心价值——最根本的价值取向。任何事物都在发展、运动、变化之中，传统民居的实体无法永久保存，这是必然的；能够永远传承的只有其核心价值（图 19-2）。这正如任何社会都

图 19-2 傣族民居在不断发展，但其核心价值在传承

不可能一成不变，但西方社会的"民主、自由、平等、博爱"，中国社会的"和而不同"、"仁义礼智信"等核心价值观可以传承久远。

三、传统民居的核心价值探讨

从居之本原出发探求传统民居的核心价值，不在屋的外表之形，而在居的内在之理。概括来说，传统民居的核心价值可以从以下四个方面来探索。

（一）在自然环境中的适应性

我国各地的山水地形、变化的地貌、南北气候等不同的自然环境是造成各地传统民居形态、材料、构造各异的主要因素。就云南来说，自然环境多样，一些高寒山区的木楞房，元江等干热地带的土掌房，版纳等湿热地区的干阑式竹楼，滇中、滇西地区的合院式民居等无不因其不同的自然环境而产生相应的形态，并因地制宜、就地取材而使用不同的材料与构造，因而形成各具特色的不同的民居类型（图19-3）。

再就传统民居的"民族性"来说，虽然这主要反映在各民族不同的文化上，但其实质也是因其民族所居之地域环境的不同所致。例如，在版纳湿热地区，傣族、布朗族、爱伲（哈尼族分支）民居皆为干阑式竹楼；而在墨江、元江等干热地带，傣族、爱伲、彝族民居皆为土掌房（表19-1）。可见，自然环境仍然是决定性因素。

可以说，各地保存至今的传统民居都是适应自然环境才得以传承下来的产物，这种适应性源于其生态性与自然性。

（二）在现实生活中的合理性

现实生活中的"理"主要表现于前述的"居"之物质需求与精神需求两个方面。人们对居之物质需求包括居住需要相应的生活空间（房间），合理的组合关系，良好的使用条件（安全、朝向、通风、采光）等等；而精神需求反映在人们精神信仰的场所、元素，

图 19-3 云南几种不同的传统民居

云南几个民族传统民居与地域的关系比较　　　表 19-1

住屋形式　民族 地域	彝族	纳西族	傣族	哈尼族
宁蒗	木楞房	木楞房		
丽江		合院式		
昆明	合院式			
墨江	土掌房		土掌房	土掌房
西双版纳			竹楼	竹楼

人文、伦理的礼仪、秩序，精神享受的空间、环境等等。对这两方面的需求，不同民族、不同地域、不同经济地位、不同生活习俗的人群其要求是不完全一致的，不同时期、不同的经济水平其要求也是不完全一致的。然而，各地、各时期能够为当地百姓接受并传承下来的传统民居，都是从其时其地现实生活的需要及可能出发，以相应的材料、技术、经济手段，相应的平面与空间形式及相应的造型、装修打造而成的符合居住生活之"理"的成功类型，它们合地域气候之理，合民族习俗之理，合经济水平之理，合时代变化之理。

（三）在时空发展中的变通性

时间推移、时代发展，人们的生活在发展，人们生活之居所也必然发展，这是永恒不变的定律。"传统民居"这一概念本不是一个静态的固有物体，而是一个动态的建筑属类。我们所说的某地、某民族的传统民居，并非指其最原始的居所（洞穴、树居之类），而是指我们所知所见，发展到某一时期相对成熟，较为典型的某一种住屋，它本身就是发展的产物（图 19-4）。

变通性是传统民居最大的特性之一，即随着时间的变化与空间的变化，传统民居也在不断地变。同一地方的民居，随着时间的变化，居住的人口增多，生活发展，设施改善，这样要求居住使用空间及设施增加，民居也在不断地改造、扩建、重建；同一时期的民居，随着空间的变化，因建造地点的地形、周边环境、朝向等情况不同，使得同一类型的民居在具体处理上变化多端，极富智慧。这样的一些变化在各地都是经常发生的，然而它只要符合渐变而不是突变，微变而不是全变，变后可通（即行得通，能满足变的要求）这三个

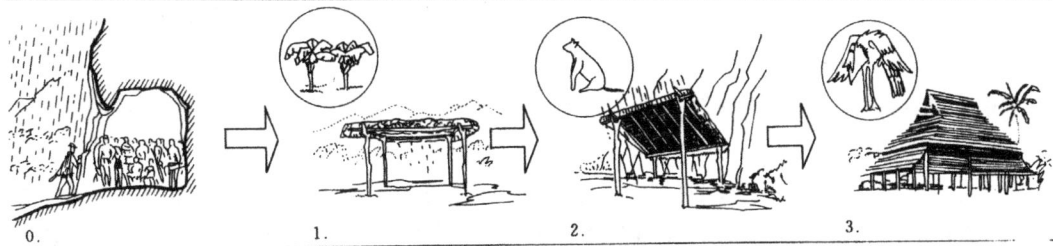

图 19-4　傣族史诗中关于住居的发展传说示意图

图 19-5　传统民居的渐变与突变实例

条件，则当地的民居传统就可以在变中延续下去，逐渐形成具有当地传统精神与传统形式的被后人认可的"传统民居"（图 19-5）。

（四）在文化交流中的兼融性

民居为人所使用，而人在社会中因各种原因的流动而造成了经济及文化的交流，它对各地民居必然产生一定的影响，形成在某些形式、材料、装饰、构造上接纳外地影响的变化，此即各地传统民居中普遍存在的文化交流现象。而且随着经济愈发达，这种文化交流愈多，影响也愈深。

传统民居在文化交流中通常具有兼融的特性，即既"兼"又"融"。"兼"者即兼收并蓄，能吸取、容纳别地的文化，接受其影响，将其民居中一些有价值的形式、材料、装饰、构造吸收到本地民居之中；"融"者即融汇于我，在吸收外地好的东西时能结合自己的条件加以改造，不失去自己传统的特色。云南接受了中原民居的庭院文化影响，结合本地低纬度条件，形成了地域特色鲜明的"一颗印"民居；丽江纳西族民居吸取了大理白族民居的平面形式，但结合自己的山水地形条件，形成了富有自己特色的民居造型。这些皆是传统民居中文化兼融的佐证。

各地的文化交流是客观存在，是无法阻挡的。故步自封，不兼不融，则自己无法发展，无法前进，最后容易被时代淘汰；盲目吸收，只兼不融，则将丧失自己的特色，自我消失，成为别地的附庸；只有兼而融之，不失自我，才能使自己不断发展，不断前进，傲然挺立。能够在今天被人们重视、称赞、研究的各地传统民居，多半都是文化兼融的产物。

综上所述，可以将"适应、合理、变通、兼融"（环境的适应、居住的合理、发展的变通、文化的兼融）作为传统民居的核心价值。

四、从核心价值来看传统民居的保护与发展

通过对传统民居核心价值的探讨，笔者对以下三个问题有了进一步的认识。

（一）从居之本原来认识传统民居

民居的本原是居，传统民居是从古至今人们居住在其中的一种建筑类型，它是"鲜活的"正在使用的房屋，而不是"古董"，因此不能把它与一般的文物等同看待。虽然有极少极少的传统民居因保留了重要的历史信息，或因历史事件、名人故居等而被划定为文物古迹，但我们所指的传统民居是大量的人们至今还在使用的居住场所。不要以那极少极少的文物建筑（虽然其过去也是民居）来代表"传统民居"，使得对传统民居研究的问题混淆，

重点模糊。故而笔者认为传统民居具有不同于文物的三个价值。

民居的发展是绝对的，大量传统民居的消失也是不可避免的，历史如此，现在更是如此，我们的研究者无法"螳臂当车"。因此，对传统民居要保护的实体只能是极少数（对其要认真地保）；而对于大量的传统民居，重点只能是研究其价值，保存其资料。我们更应把研究的重点放在价值的继承上，为新民居的探索服务。

（二）从核心价值来看传统民居的保护

对待传统民居的保护只能区分层次，不同对待。

对于已被确定为世界文化遗产、国家级重点文物保护单位的极少数传统民居（应该称其为文物建筑），是重点保护的对象，应该认真地保护，应加大保护的力度，加大国家保护资金的投入，加大保护的立法与执法，加强保护的技术措施与技术指导。

对于各地优秀的传统民居（有的已被确定为"重点保护民居"、"保护民居"、"历史建筑"）、历史街区、古村落等，应该尽量地保护；但保护的目的不是把他们当作一种供品，而是要重点展现其"适应、合理、变通、兼融"的核心价值所在。这部分民居既然至今仍作为居之场所，那么在保护中就应允许进行满足现代生活基本需求的改造（当然要讲究技巧），否则是不人道、非人性的，也违背了居之本原。

对待各地一般传统民居的保护应该是一种动态地保护，在力求保护其传统风貌的同时，应允许其合理利用（如改作商店、茶室、餐厅、旅馆、小型博物馆等），合理改造，合理发展。

（三）新民居的探索应体现传统民居的核心价值

新民居要继承传统，但不以形作标尺，而应体现传统民居的核心价值，表现在：

（1）在环境上体现环境的适应，传统民居的生态性与自然性也是现代住居的探索方向。

（2）在功能上体现居住的合理，新民居探索应把满足现代居住的物质需求与精神需求作为前提。

（3）在技术上体现发展的变通，适应时代的发展，尽量运用新材料、新技术，节约能源，而不单纯拘泥于对传统民居的形式模仿。

（4）在形式上体现文化的兼融，"现代本土建筑"的创作方向应该在各地新民居探索中大力推行，新民居应该既是现代的，又具本土特色。

继承传统民居的核心价值，将其运用于新民居，探索具有地方特色的现代新民居，这应该是我们传统民居研究者的追求与终极目标。

· 传统民居的保护与发展探索 ·

紧急呼吁①

和省长：

我最近带领美国卡内基—梅隆大学建筑系的 19 名师生去丽江，为他们开设"丽江纳西族民居"课程，同时进行参观考察。在参观中，他们对丽江古城及民居感到极大的兴趣，他们的系主任奥米尔·金博士三次向我伸出拇指说，"丽江古城太美了"，今天在返昆的途中又一次说："丽江新旧城分开，保存了这么大一片古城，真难得。古城的街道真美！"

近几年来，国内规划界、建筑界专家、学者去丽江考察的愈来愈多，对丽江古城及民居的评价已有定论，一致认为像丽江这么较完整地大片保留的古城在国内已不多见，真是难得的幸存者，有着很大的价值，一致要求要加强保护。

然而，丽江古城目前遭到极大的威胁：新街像一把尖刀已经插入古城之中，关门口一带中心地区建起了体量太大的建筑，一些平顶建筑不断涌现……这些都破坏了古城的和谐与协调，这些"建设性的破坏"威胁着古城的存亡，建筑界无不为之痛心，连卡内基—梅隆大学建筑系师生都为之惋惜，建议政府要采取措施，加强管理与保护。特别是前天我在丽江某单位听说：现在县领导已决定成立指挥部，负责把古城内的一段新街继续向前打通，穿过四方街。四方街是古城的心脏，心脏一遭破坏，古城的价值将不复存在，那么古城将遭到毁灭性的破坏。

当然，古城经济要发展，交通要改善，设施要不断完善，古城在保护的同时也要建设，但这些必须经过严格的科学的规划，不能蛮干，要真正虚心听取全国各地专家、学者的有益的意见。我认为丽江古城在建设发展中总的原则应该有利于古城的保护，而不能破坏古城。具体意见是：新的建设（如道路的拓宽、打通）可以动古城皮肉（非重要的地段），但不能动其心脏（四方街）与筋骨（新华街、五一街、七一街、人民街等）；一些重点建筑与民居（经过多方建议、评定、最后确定）要完整地、分片地保留，这样在点、线、面上都保持古城风貌；新的建筑也要与古城风貌相协调。

作为一个建筑教育工作者，出于对丽江古城的热爱与关心及对祖国建筑遗产的关切，我紧急呼吁省、地、县各级领导要加强对丽江古城真正价值的认识，采取切实措施加强对它的保护，千万不要搞建设性的破坏。否则，丽江这样一座新中国成立后三十多年来在我国难得较完整地保存下来的美丽的古城又将在我们这一代领导者手中遭到毁灭。

---

① 这是一封于 1986 年 7 月 17 日晚写给云南省和志强省长的信。7 月 14 日上午，笔者到丽江地区建委拜访杨克昌主任时，他心急地递给我一份丽江县政府关于打通四方街成立指挥部的红头文件，杨主任告诉我把月内即将行动，他正为此发愁，问我怎么办？我看文件后也吓了一跳，第一反应："简直是蛮干！"心想只有也必须向上反映。于是在 17 日晚回到昆明后立即动手写了此信，直到深夜写成，第二天一早将信寄出，不管有用无用，只能"死马当活马医"。谁知 8 月 17 日接到省政府办公厅寄来的回函，欣喜若狂；由于和省长的及时批示，"指挥部"被撤销，阻止了对丽江古城"心脏"地段的毁灭性破坏，丽江躲过了一场灾难。此事件若干年后特别是丽江古城被评为世界文化遗产后被记入县志，先后被中央与地方七八家媒体报道，同时作为辉煌丽江改革开放 30 年的十大事件之一予以宣传。其实对于我们专业工作者来说，一生中有 1% 的"呼吁"能被领导重视而起到作用就是值得庆幸的了。

　　和省长: 我请求您对这一呼吁的支持, 并请及时地制止一些蛮干的行动; 同时请省、地、县有关部门与领导能认真研究如何保护丽江古城。

　　附寄上我前几年调查研究的心得"丽江古城与纳西族民居"一文供您参阅（该文 1983 年 12 月刊于中国建筑工业出版社编辑出版的《建筑师》丛刊 17 期, 另有我们集体研究的专著《丽江纳西族民居》一书已交云南人民出版社准备出版)。

　　　　　谨致
　　　敬礼

　　　　　　　　　　　　　　　　　　　云南工学院建工系
　　　　　　　　　　　　　　　　　　　朱良文
　　　　　　　　　　　　　　　　　　　1986 年 7 月 17 日晚

附：和志强省长对"紧急呼吁"信件的批示及云南省人民政府办公厅文件

云 南 省 人 民 政 府

此件转丽江地委、行署、丽江县委、县政府。（抄省建设厅）

较完整的保留丽江古城很有必要，这不仅是为了研究颇具特色的纳西族民居建筑的需要，也是为了适应开放和旅游所必须。国内外专家多次呼吁，请你们认真研究，务必做到保留丽江古城。

和志强

一九八六年八月十四日

云南省人民政府办公厅

云政办信（86）案字第100号

丽江地委、丽江地区行署、丽江县委、县政府：

现将和志强省长对云南工学院朱良文来信的批示复制件及来信复制件转去，请你们根据和省长批示意见进行研究处理，并请将研究处理意见函告我们。

云南省人们政府办公厅信访处

一九八六年八月十六日

抄送：省建设厅（印8份）

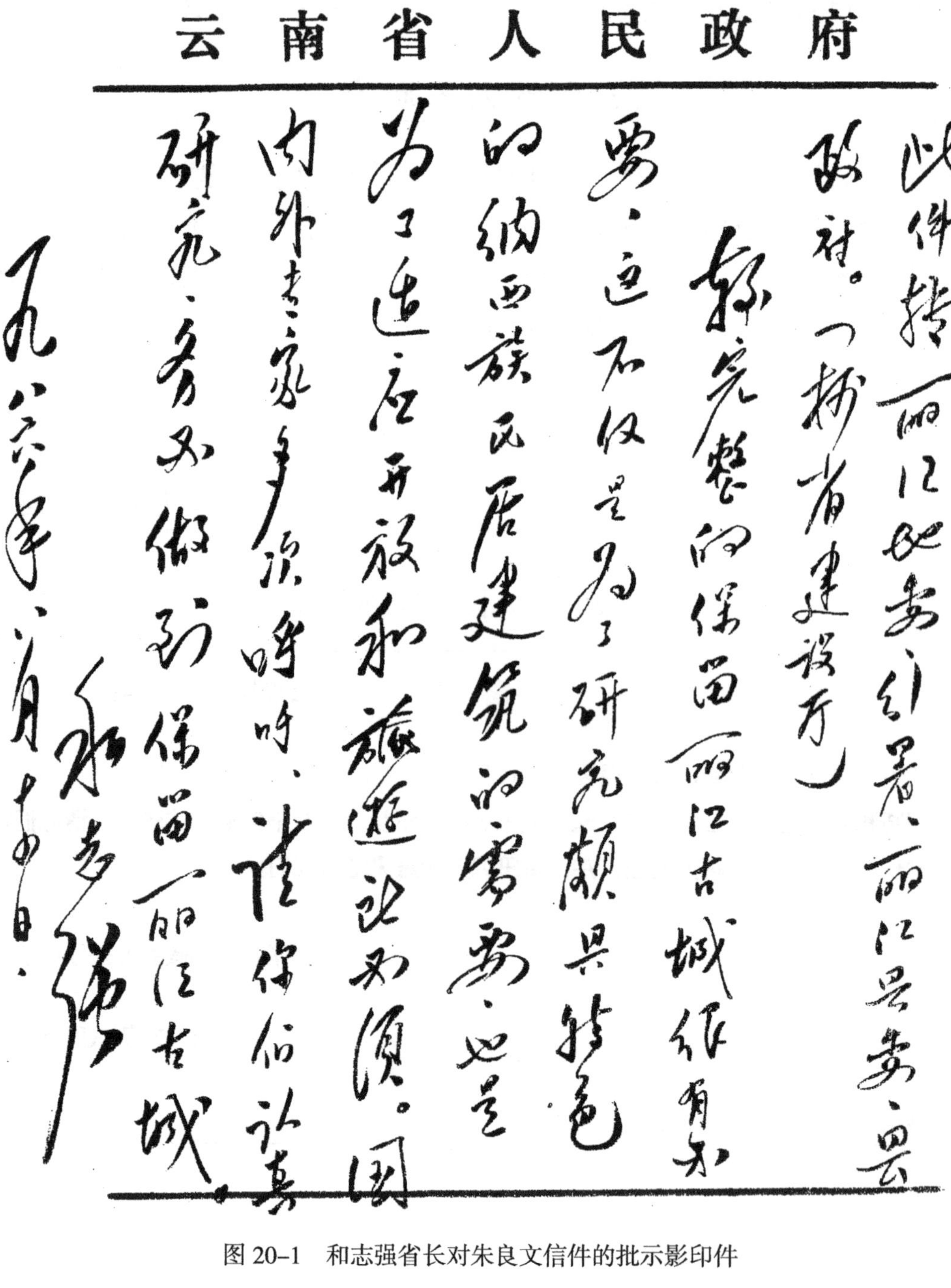

云南省人民政府

此件转—丽江地委、丽江县委、县政府。一抄省建设厅。

研究完整的保留丽江古城很有必要。这不仅是为了研究颇具特色的纳西族民居建筑的需要，也是为了进一步开放和旅游此必须。对外专家一再呼吁，请保佑认真研究，争取做到保留丽江古城。

和志强
九六年三月六日

图 20-1　和志强省长对朱良文信件的批示影印件

云 南 省 人 民 政 府 办 公 厅

云政办信（86）案字第100号

丽江地委、丽江地区行署、丽江县委、县政府：

现将和志强省长对云南工学院朱良文来信的批示复制件及来信复制件转去，请你们根据和省长批示意见进行研究处理，并请将研究处理意见函告我们。

云南省人民政府办公厅信访处

一九八六年

抄送：省建设厅　　　　　　　　　（印8份）

图20-2　云南省人民政府办公厅文件影印件

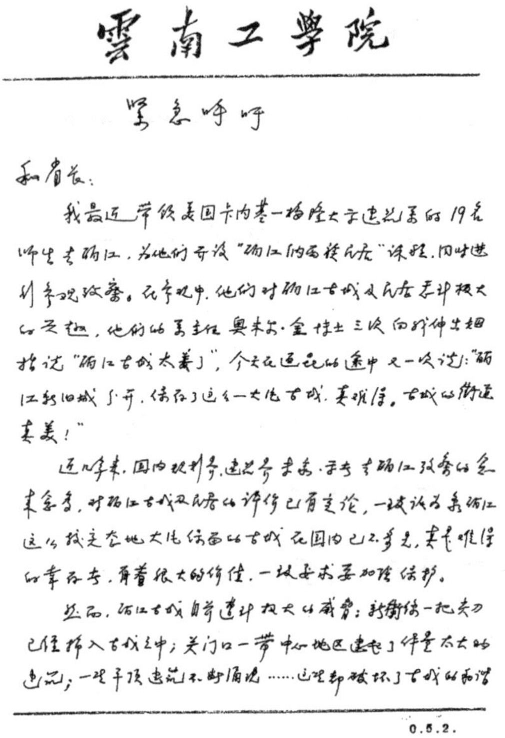

雲南工學院

紧急呼吁

和省长：

我最近带领美国卡内基—梅隆大学建筑系的19名师生去丽江，为他们开设"丽江纳西族民居"课程，同时进行参观考察。在参观中，他们对丽江古城及民居表现极大的兴趣，他们的系主任奥本安·金博士三次向我伸出拇指说"丽江古城太美了"，今天在返昆的途中又一次说："丽江新旧城分开，保存了这么一大片古城，真难得，古城的街道真美！"

近几年来，国内规划界、建筑界专家、学者去丽江考察的也来参加，对丽江古城及民居的评价已有定论，一致认为象丽江这么规模大、完整保存的古城在国内已不多见，真是难得的事存者，有着很大的价值，一致要求要加强保护。

然而，丽江古城目前遭到极大的威胁：新街结一地夹力已经插入古城之中；关门口一带中心地区建起了体量太大的建筑；一些平顶建筑不断涌现……这些都破坏了古城的面貌

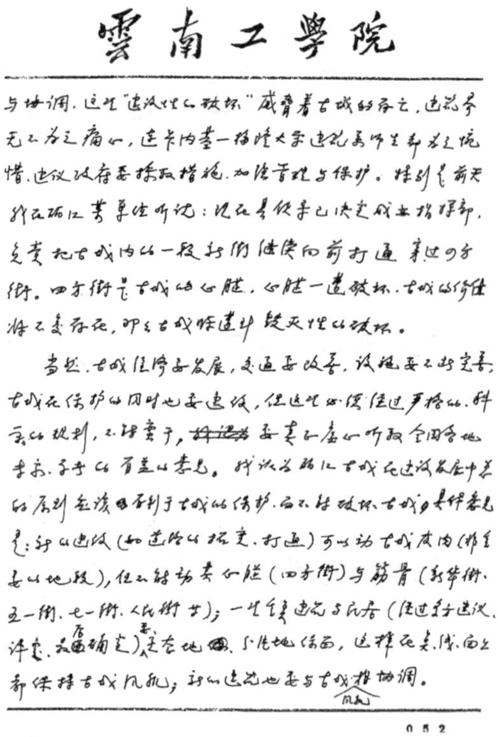

雲南工學院

与协调，这些"建设性的破坏"威胁着古城的存亡，建筑界无不为之痛心，这次卡内基—梅隆大学建筑系师生都为之惋惜，建议政府要采取措施，加强管理与保护。特别是前天我在丽江若草坪听说：现在县领导已决定成立指挥部，负责把古城内的一段新街继续向前打通，穿过四方街。四方街是古城的心脏，心脏一遭破坏，古城的价值将不复存在，即意味古城将遭到毁灭性的破坏。

当然，古城仍要发展，交通要改善，设施要不断完善，古城在保护的同时也要建设，但这些必须经过严格的、科学的规划，不能盲干，要集全国专家的意见。我认为丽江古城在建设发展中应遵循有利于古城的保护，而不能破坏古城的原则，具体来说：新的建设（如道路的拓宽、打通）可以动古城皮肉（非主要的地段），但不能动其心脏（四方街）与筋骨（新华街、五一街、七一街、人民街等）；一些重要建筑与民居（经过普查建议，评定、并确定）更不能动，不能随便拆除，这样在美化的同时能保持古城风貌；新的建筑也要与古城风貌协调。

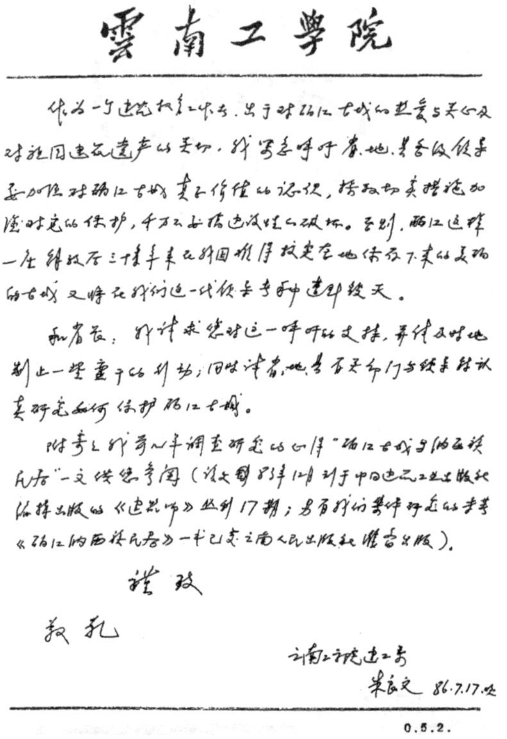

雲南工學院

作为一个建筑教育工作者，出于对丽江古城的热爱与关心及对祖国建筑遗产的关切，我写这呼吁书，想必领导也会加深对丽江古城真正价值的认识，采取切实措施加强对它的保护，千万不要搞建设性的破坏。否则，丽江这样一座经过三千多年来祖国保存完整地保存下来的美丽的古城又将在我们这一代人手里遭到毁灭。

和省长：我请求您对这一呼吁的支持，并请及时地制止一些盲干的行动；同时请您也责成有关部门与领导认真研究如何保护丽江古城。

附寄上我前几年调查研究的论文"丽江古城与纳西族民居"一文供您参阅（该文刊于1981年12月中国建筑工业出版社出版的《建筑师》丛刊17期；另有我们集体研究的专著《丽江纳西族民居》一书已交云南人民出版社准备出版）。

谨致

敬礼

云南工学院建工系

朱良文 86.7.17.晚

图 20–3　笔者写给和志强省长"紧急呼吁"信件的原稿影印件

走实验之路　探竹楼更新①
——版纳傣族新民居实验研究札记

傣族是一个具有悠久历史的民族,其典型的传统民居——"竹楼"对建筑界并不陌生。干阑式的"竹楼"在西双版纳地区沿存到如今,在版纳的地方建筑文化中有着独特的价值与地位。

在历史长河中,西双版纳傣族的竹楼从原始到如今虽然其基本形态沿袭下来,但已有了很大的演变。当地老百姓习惯将名副其实用竹子建成的较原始的"竹楼"称为"第一代竹楼"(图21-1);而将近代以木材为主的"竹楼"称为"第二代竹楼"(图21-2),之所以还称它为"竹楼",大概就因为它还保持着原始竹楼的基本形态。

近20年来,随着改革开放、社会的变革、生活水平的提高,以及自然条件的制约,当地老百姓自己摸索着建盖了不少新的民居,他们在企盼着"第三代竹楼"的出现。

图21-1　"第一代竹楼"

图21-2　"第二代竹楼"

一、演变说明傣族企盼竹楼更新

进入20世纪80年代以来,伴随着改革开放,版纳地区的傣族传统民居也在不断变化,主要表现在平面功能、材料结构及形式特征三个方面。

①　此文初稿写于1999年6月,它记录了我们与西双版纳州建设局合作建立《傣族传统民居向现代小康住宅过渡的实验研究》课题(1997年3月,其后又被列为国家自然科学基金及省科研基金资助项目)后到1999年4月中第一幢实验楼建成的研究情况与感想。论文参加了"第三届海峡两岸传统民居理论学术会议"(1999年8月,天津),并在会上宣读;同时会议还专为此实验研究初步成果开了一个小型座谈会,反应较为热烈。后该文于10月修改刊载于《新建筑》2000年第2期(2000年4月)。此项研究后续又于2000年在景洪附近建了第二、三、四幢实验楼,后不断推广有了20幢,到2005年时又有了景洪曼景法全村建这种新民居。

图 21-3 20 世纪 80 年代新建的以木材为主的木结构"竹楼"

图 21-4 20 世纪 80 年代中期出现的以砖柱代木柱的"竹楼"

在平面功能上，底层架空层逐渐利用作副业加工，开小商店或餐馆，其层高由过去的 2.2m 左右增高为 2.4 ~2.8m；烹调由过去在客厅（堂屋）一角设火塘逐渐改为砌砖灶，部分已与客厅分隔另建厨房；客厅内由过去无甚家具，待客席地而坐到逐渐有了组合柜、沙发等家具，甚至少数傣家已进行室内装修；过去客厅无窗，室内昏暗，现在逐渐增加开窗的面积；卧室由过去全家不分间到现在少数家庭已分间；过去竹楼内无浴、厕及自来水等卫生设备，现在多数自来水通到凉台，少数设有冲凉房，甚至个别设有简易水冲厕所[①]。

在材料结构及形式特征上，20 世纪 80 年代初期翻修、新建民居仍有用旧木料或砍伐、购买新木料的纯木结构，随着木材愈来愈贵，砍伐不易，逐渐出现砖木结构、砖混结构，甚至混凝土梁柱结构；其民居的形式特征当然也随之逐渐改变。具体说来，演变的大致过程如下：

20 世纪 80 年代初用旧木料或砍伐、购买新木料的木结构"竹楼"在勐腊及其他部分地区大量出现，其柱、屋架、楼梯、楼板、墙皆用木材，屋面用小缅瓦覆盖（图 21-3）。这种"竹楼"每幢耗费木材少则 20m³，多则 40~60m³，对森林资源及自然生态的破坏相当严重。

随着木材的日益缺乏，20 世纪 80 年代中期在景洪附近出现了以砖柱代木柱的"竹楼"（图 21-4）。这种砖柱不符合版纳地区抗震 8 度设防的要求，结构上存在着极大的隐患。

为了克服砖柱结构薄弱的问题，20 世纪 90 年代初在勐海一带出现了不少砖墙落地的民居（图 21-5），部分失去了傣族干阑式民居的传统特色。

随着生活水平的提高，近几年在新建民居中又出现了一些"汉式"的平屋顶房屋（图 21-6），完全丧失了傣族民居的传统特色，对傣族村寨传统风貌影响极大。

近两年，大勐龙等地个别较富裕的傣族居民盖起了现浇混凝土梁、板、柱的"竹楼"（图 21-7）。其形式保留了"竹楼"的特征，但每幢造价在 15~16 万元（建筑面积约 300m²），无法推广；且全部为现场零星施工，对农村地区的施工技术水平来说质量无法保证。

---

① 朱良文：《今日竹楼何处去》，"当代乡土建筑·现代化的传统"国际学术研讨会，北京，1997。

图 21-5　20 世纪 90 年代初出现的砖墙落地的民居

图 21-6　近几年出现的"汉式"平屋顶民居

这几年版纳地区傣族老百姓的生活水平日益提高，要求建新居者不少（据州建设局估计，全州每年为 2000~3000 户），多数准备以 7~8 万元建新房，他们企盼着竹楼的更新，然而摆在他们面前的选择却甚少。近年来强调森林保护，严禁砍伐，建全木结构的竹楼已不可能；砖柱竹楼鉴于其防震的性能差，已经不用；现浇钢筋混凝土梁、板、柱的竹楼由于太贵而极少考虑。于是，选择砖墙落地的民居及"汉式"平屋顶房屋者日趋增多。

图 21-7　个别的现浇混凝土梁、板、柱"竹楼"

二、困惑促使我们走上实验之路

笔者身在云南这块宝地，自然被其丰富多彩的地方民族建筑文化所吸引，近一二十年来较多地接触到有关地方民族建筑课题的研究，特别是少数民族的传统民居研究，然而随着时间的推移，面对现实，却有了愈来愈多的困惑。

搞地方民族建筑研究，少不了参加学术会议，写论文，呼吁对地方传统建筑文化的保护，近些年来这种呼声愈来愈高；但随着这几年经济的发展、城市化进程的加快，地方传统建筑文化的消失却愈来愈快——此乃困惑之一。

与各地专家学者到各地考察民居等传统建筑，我们往往为其精彩之处大加赞赏，不惜胶卷纷纷抢拍；而当地老百姓多数不解："这些破旧房子有什么好？好的话你们怎么不来住？"一句话让你噎住——此乃困惑之二。

建筑师在城市的建筑创作中对地方建筑文化的弘扬、探索不乏下大力气之人，然而面对广大的农村及少数民族聚居地之地方民族文化大本营的传统建筑文化消失现象却无能为力——此乃困惑之三。

......

种种困惑不得而解。特别是从 1985 年起本人涉足对傣族地区传统建筑特别是傣族竹楼的研究，经过多年的调查研究，1992 年出版了《中国南部傣族的建筑与风情》（THE DAI Or the Tai and Their Architecture & Customs in South China）。然而当我 1995 年再度去版纳时，勐海一带过去所调查的许多传统竹楼已不复存在，代之而起的是一些砖墙落地及平顶式的房屋，这深深刺激了我。这两种形式的大量出现已经改变了不少村寨的原有风貌，继续发展下去，傣族村寨的传统风貌必将丧失殆尽。这对国家级风景名胜区，以热带风光及民族风情取胜的西双版纳地区的旅游经济来说，构成了极大的威胁。出于某种"责任感"，我找了当时的版纳州建设局局长，可是局长说："我们也深感忧虑，早想解决，但是没有人帮我们研究解决的办法。"一句话反倒将了我的军。是的，这能责怪老百姓，责怪当地领导吗？只能怪我们的研究与实际结合得不紧密，没有对实践起指导与引导作用。这促使我们下决心转向实验研究，走实验之路。

经过多方努力，在西双版纳州建设局的支持下，我校与州建设局合作，于 1997 年 3 月设立了《传统傣族民居向现代小康住宅过渡的实验研究》课题，其后这一课题又相继得到了云南省应用基础研究基金及国家自然科学基金的资助。

我们的研究目标是：通过研究试验，确定一种适合傣族地区村寨推广建造的功能改善、材料更新、施工方便，又保持传统特色的新型小康住宅体系方案及其相应的村镇住宅科技产业发展规划。

三、实践证实农村需要建筑研究

我们的研究分三个阶段。

第一阶段，在调查研究的基础上探索新民居的方案。我们先后经过三次调研，掌握了傣族老百姓新建民居时的实际需要，在此基础上经三轮方案探索，筛选出四种方案拿到村寨中听取老百姓的意见，再次修改后完成四种类型的初步设计与施工图设计，提供选择，进行实验。

第二阶段，采取以老百姓自筹资金为主，政府适当补贴的方式选择傣族新民居实验点，进行试验建造。这一阶段开始非常艰难，先后四次选点失败，因为老百姓不相信，怕受骗。最后终于在勐海县勐海乡曼真村选择了一户实验点，由州建设局与户主签订了协议，户主出 7.8 万元，不足部分由州建设局补助。实验楼于 1999 年 1 月 17 日动工，4 月 18 日落成交付使用。

该实验楼在平面上保留了传统竹楼平面布局的基本特征，保留架空底层、前廊、晒台等特色部分；保留以客厅为中心的布置方式，但增加窗户，改善采光与通风；卧室分间；厨房独立；在楼下架空层增设浴厕卫生间，局部利用作储藏室。在造型及色调上：坚持传统竹楼底层架空及歇山式屋顶两个最具特色的造型特征，但色调满足老百姓求新的心理要求，采用红瓦、白墙（图 21-8）。在结构上则首次采用引进的 IMS 结构体系并加以改进，即整体预应力装配式结构，柱子现浇，板预制，用现场张拉预应力钢筋，现浇混凝土

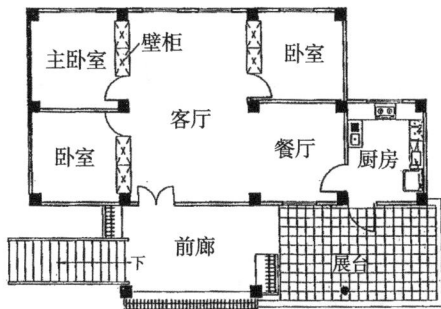

（a）平面

图 21-8　傣族新民居实验楼

（b）外貌

边梁将板、柱连成整体，这样既减少现场施工量，节约钢材用量，又提高整体抗震能力。在材料上选用彩色水泥瓦屋面，部分选用当地废料制成的蔗渣板做墙体。实验楼建筑面积 200.25m²，结算造价 12.5 万元，除去其中科学实验增加造价约 2.3 万元，单独建造及远距离运输增加 1.2 万元，实际造价约 9 万元。

现在我们正进入研究的第三阶段，即总结、改进、再试验，同时准备逐步推广阶段。实验楼的建成使我们的研究工作取得了重大的突破，因为老百姓看到了实物，他们基本相信了，尽管还有不满意之处，但他们觉得比平屋顶的房子好用、好看，表示今后愿意盖这种房子。大勐龙村有一家要了我们的建筑图纸，自己用现浇钢筋混凝土结构盖起了一幢新民居，同样吸引很多人去参观（图 21-9）。当地州、县各级领导对新民居的方向也充分肯定，表示要大力推广。目前我们初步研究、总结了实验房存在的问题，制定了三种改进方案，有信心将每幢造价控制在 8 万元左右（建筑面积 200m²），同时也推出只需老百姓出 5 万元，为其建好梁、板、柱主体结构，屋顶、墙体由老百姓自建的方案。现正准备进行第二幢实验楼的建造及新民居的推广。

傣族新民居的实验研究与我们过去所习惯的理论研究完全不同，进展非常艰难。除了第一次选点难以外，还由于：①它面对实际，面对老百姓具体的功能需要及审美需求，这与我们过去的理论研究及主观判断有相当的距离；②老百姓的经济承受能力有限，它是决

图 21-9　自盖的新民居

定方案、材料、结构选择的关键与能否推广的第一因素；③新的部分专业化的施工组织及方法与传统民居以当地老百姓自助自建的方法完全不同，这也是一个新的问题。小小的第一幢新民居实验楼从研究到建成花了两年多的时间，比我们设想的艰难得多。然而第一幢实验楼的建成及老百姓的反映使我们看到了曙光。当地领导及电视台、《云南日报》、《春城晚报》都不约而同地宣传"傣家人搬进了第三代傣式竹楼"，更鼓舞了我们进一步探索、研究与推广的决心。

实践证明，当前的农村建筑需要进行研究，这种研究不能仅停留在理论上，不能只是"设想"与"呼吁"。这种研究必须与农民的需要相结合，必须能为农民解决具体问题。

四、传统更新需要各方积极引导

随着当前我国经济的快速增长，各地城乡建设步伐的加快，地方建筑文化的消失也在加剧，地方建筑文化的继承与发展面临着一个个难题。

不论各地对传统建筑文化的态度如何，但对于西双版纳这样一个地方特色鲜明，民族风情浓郁，建筑文化内涵深厚，同时又正面临建设民族文化大省及旅游兴州目标的国家级风景名胜区来说，地方传统建筑文化的不断消失无疑是个悲剧。它丧失的不仅是特色，而且是经济，是未来的可持续发展。对于版纳来说，地方建筑文化的继承与发展有着非同一般的重要意义。

传统民居的发展演变对地方建筑文化的继承与发展起着巨大的作用。传统的不断更新是客观存在的，尤其对作为人们居住场所的传统民居来说，随着生活的发展需要，它的更新更是不可抗拒的，竹楼过去与现在的演变正说明了这一点。传统如何更新有自发与自觉两种方法。在自发的方法中存在着传统继承与非继承两种可能性，当建筑的文化因素起主导作用时，传统较易得到继承。然而民居，特别是广大农村地区的民居一般是老百姓自筹自建的，文化因素虽然起重要作用，但其功利性还是第一位的，功利性有时会导致建筑的盲目性。例如，傣族村寨中这几年"汉式"平顶房的不断出现就是因为他们觉得"这种房子坚固、光亮、新式"（调查中老百姓的反映），他们并不把"傣族建筑文化的继承"作为建房考虑的出发点。这时传统很难得到继承，甚至很快消失。

作为传统更新中的自觉方式无疑是为了更好地继承与发扬传统的建筑文化。所谓自觉，无非是有意识地引导。当地领导在方向上、政策上的引导最为重要，可喜的是现在版纳州的领导对此已有较强的意识。建筑师的实际引导具有不可推卸的责任与不可估量的效应，从这次傣族新民居实验研究的初步反应可见一斑。

通过对版纳傣族新民居的实验研究[①]，第一幢实验楼的建成及当地领导与老百姓的反应，深感在面向新世纪的地方建筑文化的继承与发展中，我们建筑师有许多工作要做，也有许多工作可做，而实验研究的引导则是最直接、最有效的工作之一。

① 傣族新民居实验研究由云南工业大学建筑学系与西双版纳州建设局合作进行，参加研究工作的人员有：朱良文、李仕福、周自祥、柏文峰、曾志海、毛志睿、施维琳、艾仁杰、李倩、车震宇及州建设局建管科的有关同志。

关于丽江玉龙广场建设的一些看法与建议[①]

欧阳书记、和市长、崔副市长：

我们几个是长期生活、工作在云南，对丽江古城素来抱有深厚感情的规划建筑工作者，看到丽江近几年来在遗产保护与经济发展方面的双重进展，深受鼓舞。在市委、市政府"保护一片、整治一片、新建一片"的思想指导下，古城内的环境得到改善，玉河走廊得到整治（尽管沿玉河的步行道显得宽了），新区的"欧陆风"得到改正，对世界文化遗产"原真性"的保护越来越受到重视……这些都使我们感到欣慰。

目前，丽江玉龙广场的建设受到各界关注，大家议论纷纷：有的说小了，有的说大了，有的说拆了就不要再建，有的说不建房子只是空场不成广场……种种议论似乎各有其理。为此，我们从遗产保护的角度谈谈我们的一些看法。

一、从丽江古城的空间特性看古城空间的延续性

丽江作为一个国家级的历史文化名城、世界文化遗产，其所具备的空间特性有四：不求工整，但求随意——自然性；不求高大，但求得体——尺度感；不求气势，但求亲和——人情味；不求豪华，但求质朴——平民化。这是古城空间的精华所在，也是古城形象的鲜明特征。

丽江古城的"生命血液"源自玉河之水，因此沿玉河从古城向北延伸的空间不仅是一般环境风貌协调而是古城的延续空间。这种延续空间同样应该遵循古城的空间特性与肌理来发展。在这个延续空间内同样不应有大马路、大广场、大建筑、大绿地（大片集中的树林与草坪）等现代大中城市的特征。这样方能使"文脉"得到延续，这就是古城的文化性。如果说1986年和志强省长的批示制止了一条大马路对古城心脏地区的空间破坏，今天我们同样不应该让一个大而无当、毫无意义的空场来损害古城的风貌，破坏古城空间的延续。

二、从整个丽江城市格局看玉龙广场的尺度

一个城市因功能需要应有一定的广场分布于各地，而各个广场的尺度因其功能的不同（人流聚散、交易、文化活动等）及人数的多少而有不同的大小。广场讲究"气""势""脉"，尺度太小则"堵"，广场太大则"漏"。一般小型古城的广场因人少、平静、节奏缓慢而不宜大，形成比较亲和的空间，如丽江古城的四方街、关门口、百岁坊等。

在古城的延续空间必然增加一定的新功能（如旅游人群的集散、商业活动、休闲需

[①] 这是一封涉及丽江古城风貌保护问题联名给丽江市委、市政府领导的信，由笔者执笔起草，后经正在丽江参加会议的四人讨论、认可后于2003年12月23日联名上书。此信得到市领导的重视，2004年1月7日和自兴市长亲自约见笔者作了解释，同时阐述了有关措施。

要等），因而广场的尺度必然有所扩大。然而古城的延续空间内不应该赋予它不适当的现代城市的功能（如大型集会、现代城市雕塑观赏等），这些现代功能从整个城市格局来讲只适宜在城市新区内设置。若在古城边沿的延续空间内为了完善现代的功能而设置大型广场，则势必造成"气漏""势弱""脉断"，我们完全可以从城市的地图上看出大广场（空白）相对于小型古城（密集的建筑）之"漏气"的心理现象。

三、从交通功能来看广场的组织

改造后的玉龙广场动态交通（流动车辆）被阻在外，静态交通（停车场）设在广场外围，玉龙广场只有人流而无车流。从停车场下来的人流关键是疏导，用线性的街道组织分流，不应用整片广场紧贴停车场形成面上的漫流。因此在停车场与广场之间应有过渡的街区，将停车场的繁杂屏隔，否则玉龙广场将变成乱哄哄的交通性广场，而不是一个高品位的文化休闲广场。

四、从广场的空间景观来看空间界面的处理

拆迁前的玉龙广场原是一个车流与人流集散的交通性广场，可以说是"乱哄哄"，周围空间界面（银行等建筑）风貌甚差。拆除后新建玉龙广场应该讲究空间的景观效果，这种效果首先体现在四周的界面上。

拆除后现在的玉龙广场的西面是狮山山麓、玉河、民居、弧形壁雕等，已形成固定的界面；南面现为商业街道的铺面，北为新建成的商业街区铺面，这两面的铺面显然根据原规划而设计，没有考虑广场界面的景观需要；东面现为拆除后的空旷地带，包括远景环境，风貌很差，由于未形成封闭的界面，对广场景观极为不利。为此，很有必要按原规划做一界面，一来封闭广场空间，二来用精彩的建筑立面处理来丰富广场的景观。

广场的空间景观同样也体现在广场平面的大小、形状、地面处理、小品设置等等方面。古城的广场向来讲究小巧、自然、亲和、不太规则、富有人情味，玉龙广场同样应继承这些原则，大而空、正方形的花岗石地面、人工雕塑的圆球以及曾设想放置的现代雕塑等与古城风貌相去甚远。广场应按宜人尺度在玉河旁布置一些绿化围合的小空间及亲切自然有丽江特色的小品设施，让人休息、品赏，体现丽江人性化的关怀，才是正确的设计手法。

五、从广场大小看人气盛衰的影响

目前我国、我省各地都建有不同大小的广场，从我们几个规划建筑工作者多年来的实地考察与体验，大而空的广场人气多不旺，特别是夜晚更是如此，而尺度较小的广场较容易聚集休闲的人群，所以许多时候规划设计者常常把较大的广场分解成几个供不同用途、不同人群的小广场，以提高其人气的聚合力。

广场上人气的盛衰还与广场上休闲设施、环境、景观品味等有关，一般较小的广场比较

好营造近人的服务设施、亲切的休闲空间及舒适的休息环境，大的广场则经常冷落，这从北京的天安门广场、昆明的东风广场、大连新建的星海广场、无锡新建的人民广场都可以得到印证，再从我省宣威、宾川等地新近建设的一些广场也可得到印证（宾川同时建了一个还不算太大的广场和几个桥头小广场，前者几乎无人问津，而几个小广场早晚皆人气甚旺）。

六、从广场土地资源的利用看城市的经济性

上面几点分析论证的是社会效益、环境效益方面的问题，而从经济效益分析更是不言而喻。一个城市广场周边的土地常常是最贵的土地，如何有效利用这块土地直接影响着城市的经济性。这不仅因为纯公益性的广场只能由政府掏钱建设与不断掏钱维护，而且广场土地的有效利用直接促进市民及游客的消费，促进城市经济的繁荣，促进地方税收及就业人口的增加。所以，广场的经济效益与社会效益、环境效益是统一的。古城四方街正是古代人讲究综合效益的广场文化典范，是我们现代人应该继承发扬的优秀传统。

综上所述，我们一致认为：过去已经评审通过且经批准的同济大学 2001 年所作的规划方案尺度是适当的，范围是恰当的。现在所作的详细设计只是对同济大学规划方案在功能、空间景观及界面上加以优化，没有必要在已经拆除了大量房屋以后又来否定原已批准的规划方案，使政府蒙受巨大的经济损失。另外，从我们所接触到的省内外规划建筑界的专家学者（如同济大学的阮仪三教授、清华大学的朱自煊教授等）对拆除后的现广场（只能说空场）的反映，莫不认为空间不当，破坏了古城风貌和空间的延续性，既不经济，又不美观，也未产生好的社会效益。

为此我们建议：

（1）不宜改变原已批准的同济大学规划所确定的广场基本尺度，只宜作适当的调整。

（2）对根据原规划所作的广场详细规划方案进一步优化，尽快选择最佳的设计。

（3）根据所选最佳设计尽快进行新广场的建设施工，清除目前拆除后的大而空的被动局面（好在目前尚未最终成形），以进一步完善古城延续空间的风貌，美化古城的空间景观。

对现空场虽说有各种议论，褒贬不一，但任何道理应服从古城风貌特质的大道理。我们本着对丽江古城的深厚情感及负责态度，慎重地提出以上看法和建议，希望各位领导予以考虑并予指正。

此致

敬礼

顾奇伟、朱良文

饶维纯、陈兴华

2003 年 12 月 23 日

顾奇伟——云南省城乡规划设计研究院原院长，高级规划师，丽江市人民政府专家咨询团成员。

朱良文——昆明理工大学建筑工程学院原院长，教授，丽江市人民政府专家咨询团成员。

饶维纯——云南省设计院原总建筑师，高级建筑师，设计大师。

陈兴华——昆明市规划设计研究院原院长，高级规划师。

对版纳未来民居、村落与城镇的发展思考[①]

"民居"是老百姓居住的建筑，随着时代的前进、生活的发展，它不可能一成不变，它总是在不断发展、演变的。我们期望的是在民居的发展、演变中，能使本地、本民族传统的建筑文化得以继承；而不是不顾一切照搬外地的建筑，使自己的传统建筑文化消失。然而，继承传统又不是一味的守旧，传统民居的什么都不能变，这也是不可能的，"竹楼"本身就是不断演变过来的。有人说"今天的钢筋混凝土梁柱结构的傣楼不如传统木结构的竹楼生态化"，绝对而言这种说法不无道理；然而任何事物的评价都不能脱离具体的历史阶段，在我们的森林不断消失的今天，以钢筋混凝土代木结构是一个不可逾越的"不得已而为之"的阶段。也可能在未来我们的森林木材用之不尽取之不竭之时，木结构的"竹楼"又将成为傣族民居的主体，当然它也必将是不同于今天的，会是更好的"竹楼"。

对于版纳未来的民居如何再演变，我们今天不得而知，但是沿着传统的继承与更新方向不断探索是必需的。探索也应该是多方面的，允许多元化的。例如：地方性的传统材料（如竹材）如何应用到新民居中，地方产品的废料（如蔗渣、禾秆等）能否经加工在新民居中运用，新民居如何适应当地自然条件在节能方面进行设计，新民居的建造如何与传统的施工方法结合，新民居如何构件化、产业化，以及新民居形式上"现代本土"风格的研究等等都值得探索。

民居从来都不是孤立存在的，它必须聚集而成村落，因而民居的发展从来都与村落建设结合在一起。在今天我们对傣族新民居研究已有一定探索成果的基础上，针对当前的实际，更应把傣族村落的研究提上日程。对于版纳现存愈来愈少的、传统风貌保存完好的傣族村寨（如勐腊的曼龙代等），今天更应视为珍宝，倍加爱护，加强保护，完善环境，它们可能会像周庄、丽江、平遥等一样成为明天版纳旅游的新热点；而对于大量发展中的傣族村寨，如何在建造新民居、完善基础设施、改善环境的同时，保护与继承传统村落的风貌特色，例如村落与山水自然环境的融合、村落形态的自然构成、路网的自由布局、公共活动空间的营造、宗教与民俗文化的展现、村落轮廓的有机组织、房屋造型与色调的和谐、绿化的选择与布置等等，都应该认真对待、加以研究，以形成自己的特色。

城镇的特色问题近几年已逐渐成为人们关注的焦点。对于版纳地区的城镇来说，本来就有着较鲜明的民族特色与地域特色。然而随着城镇的现代发展，如何强化这些特色，而不走与其他城镇雷同化的道路，亦需加强研究。这不仅体现在新民居的探索上，也体现在城镇现代建筑与本土文化的融合及本土风格的探索上，更体现在城镇规划的探索上。例如就景洪市而言，不单只在城市建筑的"穿衣戴帽"及"三角屋顶"上做文章，而从规划上

---

① 本文原名为《西双版纳傣族民居的历史演变与发展思考》，是笔者应西双版纳州建设局之约为其《西双版纳傣族新民居》一书所写的一篇总论性文章，写于2005年11月。全文分五部分，前四部分因与本文集其他论文有所重复，故在此删去，只保留其第五部分选录于此，且改用此篇名。在此文中笔者第一次提出了长期想研究而尚未具体研究，想先实践探索而尚无机遇的"城市干阑化"、"建设干阑化的街道与商业街区"问题，我想迟早总会有人去研究这一问题的。

若能把建筑的干阑化运用到城市的总体布局中，建设干阑化的街道与商业街区，那么它就必然成为景洪有别于其他城市的富有地方传统建筑文化内涵的新亮点。

　　傣族新民居的探索与实践已经走出了可喜的一步，它对版纳地方建筑文化与民族文化的传承起到了积极作用；然而它只是一个开头，面临需要解决的问题很多，需要研究探索的问题更多。我们已经从丽江古城的经济发展中看到，传统建筑文化对一个地方来说不仅具有重要的文化意义，也具有不可低估的经济价值。对于本身具有鲜明的民族文化、地域文化传统的西双版纳来说，如何继承这些传统，在建筑文化上保持与发扬自己的传统特色，具有重要的战略意义。

深化认识传统　明确保护真谛①
——在制定《丽江古城传统民居保护维修手册》中的思考

当前，对于传统民居、传统街区、传统村落等要不要保护似乎已不成问题，因为大家从周庄、丽江、平遥、乌镇等地的旅游发展中已看到了传统的价值。正是传统保护在旅游中所产生的经济效益吸引着各地的效仿，推动着传统民居及其街区、村落的保护。然而，现实中对传统的价值如何认识，保护什么，如何正确地保护等仍普遍存在着许多问题，甚至出现不少主观为了保护，客观却造成破坏的现象。为此，除了政府须在法制、政策、资金等方面推动保护以外，从技术层面上讲还须解决保护方法，落实保护措施。

2004 年春，丽江古城保护管理委员会委托笔者主持制定《丽江古城传统民居保护维修手册》（以下简称《手册》）。早在 1977 年及 2001 年，针对丽江古城民居的保护问题，笔者曾两次向当地政府建议要在保护法令之外尽快制定保护的技术条例，随着时间的推移，其必要性才得到充分的认识。为了制定这一《手册》，我们又集中对现状进行了大量的调查。在调查中，既对丽江古城及其传统民居的总体保护及环境整治状况感到欣慰，也对一些现象感到忧虑；特别是结合云南省内外许多传统街区、村落、民居开发与保护中的现象，引发出诸多思考，深感必须深化对传统的认识，明确对传统真谛的保护。

一、全面认识传统的价值，防止保护中的"非理性"行为

现在，许多地方对传统的民居、街区、村落都懂得要保护了，相对于过去之所以有此进步，是因为看到了传统的旅游经济价值。然而正是由于只着眼于"旅游经济价值"，而对其具有重大意义的历史价值、科学价值（建筑中体现为创作价值）、艺术价值（或文化价值）缺乏全面正确的认识，导致了"保护"中的许多"非理性"的行为。例如：在传统民居的维修保护中不懂得"修旧如旧"原则的必要性，大量（甚至在重点文保单位中）出现以鲜艳的调和漆涂抹柱、梁及全部木装饰构件，追求"焕然一新"；对于本可以适当维修即可恢复传统风貌的民居，为了某些"功能"与"效益"的需要，借维修之名大拆大建或乱行加建，丧失原有的风貌特色；更有甚者，为了旅游需要将富有地方风貌特色且保存尚好的整条传统街道拓宽，重建一条仿"传统民居"的商业街，真所谓"拆了真古董，再建假古董"。

这些行为现象背后的理由是"适应现代旅游需要"，由此生发出了对"靓丽""尺度放大""现代气势"的追求。殊不知，传统风貌之所以吸引人，正在于其"沉着"所表现的历史

① 该文是就在制定《丽江古城传统民居保护维修手册》中所碰到的具体问题，结合当前传统保护中一些带普遍性问题所写的一篇有感而发的文章，初稿参加了"第六届海峡两岸传统民居理论学术研讨会"（2005 年 10 月，武汉）的交流，正式成文于 2005 年 12 月，后刊载于《新建筑》2006 年第 1 期（2006 年 2 月）。

厚重感，小尺度所产生的亲和力；某些人所热衷追求的"现代气势"恰恰与民间传统的平和心理背道而驰；原汁原味的传统风貌正是"现代旅游需要"的最好的可持续发展的资源。我们对传统的保护所追求的不是崭新靓丽的新风貌，而是力求恢复其原有的传统风貌，传达真实的"历史信息"，保护"原真性"——这是保护世界文化遗产的基本要求，也是评定世界文化遗产的基本条件。我们千万不要非理性地干"事与愿违"的事。

为此，在《手册》的"第一章总则"中明确提出了"丽江古城保护的总体原则是真实性和完整性"，针对古城保护区中的传统民居，对其布局、平面格局、尺度、构筑方式、造型轮廓、立面风貌、细部装修、院内外环境八个方面提出了"保护的具体要求"，同时列出了"丽江古城中各类建筑物的保护维修要点"。

二、深化传统的内涵认识，认真保护传统的真谛

一谈传统风貌保护，许多人就想到建筑的"穿衣戴帽"，甚至一些地方政府还专门就此下发政令，兴起"穿衣戴帽"的专项工程。且不谈其必要性及成效如何，应该说"穿衣戴帽"只涉及传统的外表皮毛，并未触及传统的内在精华。在现实中大量存在着此类现象：一些民居院落结合地形、水系的不规则灵活处理，在维修中被规则化，失去了灵活的精彩；一些传统街道自然进退的界面与空间变化，维修与恢复建设时被划一的红线拉齐，丧失了自然的韵味；原来完整而贯通的群体院落，在开发及维修时被肢解分割，使当初整体的伦理观念及生产、生活的巧妙安排失去体现；至于装修中在硬山山墙加以悬山屋顶，将山花悬鱼板钉到博风板内侧，在勒脚上做壁画等错误做法，更失去了装饰内在的合理逻辑性……这些传统中的灵活性、自然性、整体性、合理性等精华的毁坏皆因对传统内涵缺乏认识所致。

我们对传统的认识，就范围来说，不只对传统民居的单体建筑，更包括外围环境以及整个街区、村落乃至整个古城镇。就内涵来说，我们所关注的不仅是传统民居的外表风貌，更应涵盖古城形态及其构成肌理、空间特性、街巷尺度，民居的形式构成、造型、外貌、体量、尺度、色调、风格与内外装修，以及它们的成因与内在含义等等。就地域来说，我们更要重视各地传统特色所包含的不同内容。就丽江而言，为何其古城形态与一般的古城全然不一样？丽江的合院民居为何与近在咫尺的大理合院民居相似而不相同？丽江民居的木构架为何有那么多类型的变化？丽江民居的造型特色为何如此精彩而鲜明？所有这一切都有其内在的构成因素。传统的真谛不只在于外表，更深藏于各地不同的特质之中。

为此，在《手册》的"第一章总则"中，专有"丽江古城及其传统民居的总体特色概述"，为的是防止"抓了芝麻，丢了西瓜"。这一节对丽江古城的空间特色概括为四点：一是从自然性来说，不求工整，但求随意；二是就尺度感而言，不求高大，但求得体；三是从人情味来讲，不求气势，但求亲和；四是就平民化来看，不求豪华，但求质朴。对丽江传统民居的建筑特色也概括为四点：一是平面特色鲜明，二是构筑因地制宜，三是造型朴实生动，四是装修精美雅致。本节最后阐明："这些特色正是丽江作为国家级历史文化名

城及世界文化遗产的内涵所在，也正是需要我们认真保护的精华。"《手册》还安排了"第二章平面"、"第三章结构、构架与墙体"两章内容专门详细阐述非装饰性的内容，也是为了避免只重外形，忽视内涵。

三、细化传统的地域差异，切实保护本土的特色

前已提及各地传统特色包含有不同的内容，传统的真谛深藏于各地不同的特质之中。当我们真正深入到各地，就会体察到各地民居许多不同的风貌特色，除了平面的组合形式、材料的运用、构筑的体系方式等差别之外，更直接地反映在建筑的造型立面、内外的装修风格及细部的装饰处理上。各地、各民族民居的造型、立面、装修、细部都有着自己固有的传统，有的差别很大，如北方与南方、山区与平原及其不同的民族之间；有的差别甚少，如相邻地区之间、同一地区的共处民族之间。论及传统保护，我们更强调各地、各民族本土特色的保护，这样就要细化传统的地域差异。

目前关于本土特色的危机最明显莫过于"欧陆风"之盛行，对此愈来愈多的人已经认识其荒谬（本文且不讨论）。倒是我们在丽江古城内看到了一些白族风格的出现，实在令人惊诧与费解，虽然数量不算太多，但其负面影响不小。例如：丽江民居的门楼重建成大理白族民居的门楼，丽江民居的照壁维修成大理民居的照壁，丽江民居的山墙绘上了白族民居的花饰，丽江民居屋顶肩带及披檐翘角愈来愈高甚至矫揉造作。

丽江与大理地域上毗邻，纳西族与白族历史上即有交流，然而两地、两民族从古至今并未混同，而是形成了各自璀璨的文化与特色鲜明的传统民居。两地民居虽皆以合院式的三坊一照壁、四合五天井为主，但大理民居布局较为谨慎、稳重，丽江民居在结合地形、水系的处理上较为自由、丰富；在造型及外貌上，大理民居以其华美的门楼、照壁与硬山山墙及其彩绘花饰的俏丽著称，丽江民居则以其丰富的体形组合与悬山山墙极其飘逸洒脱的形象见长，二者各有千秋。总的说，孕育于苍山、洱海、风花雪月之间的大理民居具有灵动、秀丽的风格，而生存于雪山、原野、山水田城之间的丽江民居具有朴实生动的特质。

对于前述丽江民居中"文化异化"苗头的产生，原因有二：一是由不了解两地民居的传统差异所造成，在1996年"2·3"大地震后，大量房屋需要维修重建，大批大理的施工队进入丽江帮助建设，无意间带进了白族民居的做法；二是审美观念的变化所致，人们现在普遍有一种从朴实转花哨，从沉着转浮华的审美追求，华丽之风较为盛行，大理风格较丽江格调更易适合某些人的审美趣味，因而在丽江民居维修中出现了一些不仅倾向白族风格而且更加娇柔纤秀的做法。这对于一般地方来说虽不赞同亦无所谓，但对丽江古城来说非同小可，因为丽江古城是以纳西文化及其古城、传统民居为主的世界文化遗产，对其文化及传统民居若不切实保护其本土的原真特色，那么"世界文化遗产"将何以保护？

为此，在《手册》的"第四章造型与立面"及"第五章内部装饰"中，从造型、正立面、背立面、山墙立面、门楼、外貌细部到照壁、铺地檐厦装饰、门窗槅扇等部位，以大

量实例对比正误，其中不少实例涉及与大理民居风格的比较，其目的是为了细化传统的地域差异，切实保护本土的特色。

四、尊重传统的不断进化，协调保护与发展的关系

传统是在不断进化的，传统民居更是如此。随着时代的前进，人民生活水平的提高，传统民居的功能已经愈来愈不能满足现代生活的要求，例如：通风采光较差，需要改善；一般无室内卫生间，需要加设；随着燃料的改进，厨房设施需要改造；楼地板、隔墙的隔声较差，需要改进；随着生活的发展，水、电、通信、网络的管线需要布置；没有消防设施，需要安装……这一切的功能进化，必然给传统民居的内外装修带来一定的影响。

如何对待丽江传统民居的功能进化？第一应尊重，不能由于传统的保护而限制功能的进化与发展，因为民居首先是老百姓的生活居所，它不是静止的文物；第二应协调保护与发展的关系，对它的功能进化与发展应采取一定的技术限制措施。这正如《手册》在"前言"中所阐明的："丽江古城与任何城市一样，它不可能静止不动，它总是要发展的。然而，丽江古城作为国家级历史文化名城、世界文化遗产，它的发展不可能不加约束，必须要在保护的前提下发展。"

为此，《手册》中特别编写了"第六章传统民居的功能改造"，分别对上述几个方面的功能进化制定了相应的条例，规定了允许与不允许的措施，总的原则是允许发展，但不允许破坏外貌。此外，在《手册》编制的过程中，对于太阳能的利用，传统民居后墙打通开设商店等问题曾引起不同意见的争论。为了慎重起见，对于目前尚无成熟保护措施或后果影响较大而暂时不能确定的问题，现在暂不列入《手册》内，留待继续进行措施研究，待试验成熟后再增补。

五、辨别传统维护中的正误，提高保护中的参与能力

本《手册》的编写目的在"第一章总则"中已写明："根本的目的在于对世界文化遗产、国家级历史文化名城丽江古城的保护提供技术上的支撑措施。"编写的指导思想亦明确为：一是强调实用性，二是强调通俗性，三是强调现实性。《手册》主要面向"广大施工人员的施工技术需要，当地居民在民居维修、改善、翻修、重建中的参照需要，以及有关领导与管理人员的技术审查管理需要"。基于这些前提，我们决定《手册》的编写体例应"对比说明，以图为主"，并以表格化为主要方式。在每章每节下横向分"项目"，纵向分"正确示例"与"错误示例"两栏，栏目内主要为实例照片，辅以少量必要的插图，图下注简要的文字说明。

《手册》首先希望对施工人员能有所帮助，提高他们在传统民居保护中的施工能力。因为丽江古城中传统民居的维修、改善、翻建、重建都是通过他们的手工劳动实现的，为此《手册》在"总则"中明确提出了施工准入制度，"主要施工管理人员、技术人员及技术工人，须认真学习本手册及相关的纳西族文化与建筑知识，今后将逐渐建立短期培训、

考核与实绩检查制度，对两次以上（含两次）考核不合格者及实绩违反本手册规定而在限期内未予改正者将取消其准入资格"。

《手册》其次希望能对当地老百姓有所帮助，提高他们在传统民居保护中的参与能力。他们是古城的主人，也是传统保护的主体。《手册》在"总则"中也对他们提出明确要求："古城中各类民居的维修、加固、修缮、改建、拆建、加建、翻建、重建等一切建设行为都必须按规定向保护管理机构申请报批，经审查批准后才得进行。"

《手册》还希望对古城保护管理者有所帮助，提高他们在保护中的管理能力。他们是古城保护的执法者。《手册》的"总则"中也规定："今后古城中各类民居一切的保护、维护、建设除了按本手册要求外，完成后将由管理机构进行验收。"

本《手册》的制定是在解决保护方法、落实保护措施方面的一种尝试，希望能有助于更多的人深化认识传统，明确保护真谛。

从箐口村的旅游开发谈传统村落的发展与保护[①]
——元阳箐口村哈尼寨旅游规划[②]实施前后的思索

云南省元阳县的箐口村是个典型的哈尼族村寨，位于元阳县至绿春县的山区公路沿线，距元阳县城南沙30km。村寨坐落于半山腰，占地约5hm²，地势西北高东南低；全村有150户，800多人。村边树林茂密、鸟啼蝉鸣，充满浓郁的乡土气息；周边山上山下布满了层层叠叠的梯田，元阳独特的"云海、梯田"景观在此也展露无遗，景色极佳。村中哈尼族典型传统民居二层的蘑菇房顺山就势层层营建，高低错落，布局自然，天际轮廓丰富；全村有山泉水接入公共蓄水池，有寨门、祭祀房、磨秋、秋千等民俗活动场所，呈现出浓厚的哈尼族人文景观。该村具有浓郁的地方传统风貌，民族特点鲜明，传统建筑、哈尼文化保存较完整，外来文化影响不多，村民朴实、厚道、热情，是一个极富特色的哈尼族村寨（图25-1）。

近十年来，在社会急速发展的大背景下，这样一个传统村落有过彷徨，有过探索，有过发展；对传统的保护有成绩，也存在问题。这十年中作为见证者、部分工作参与者，我们一直对它关注着，思考着；在社会主义新农村建设大潮即将到来的今天，它的未来何去何从同样引起我们的深思。下面，就对箐口村的这些前后思索作一阐述，想必对传统村落的发展与保护问题带有一定的探索意义。

图25-1　箐口村哈尼族村寨全貌

---

① 2000年以后，笔者曾主持作过红河州元阳县、版纳州勐腊县的几个民族村寨的旅游规划，对"传统村落的保护与旅游开发"问题有一些感受，并先后在"第十二届中国民居学术会议"（2001年7月，温州）及"建筑与地域文化国际研讨会暨中国建筑学会2001年学术年会"分会场（2001年12月，北京）作过专题发言与报告。然而传统村落的旅游开发是一把"双刃剑"，其尺度的把握一时难以断定。直到2006年初我们对2001年所作的元阳箐口村旅游规划实施情况回访以后，才于2006年5月结合上述报告写成此文，后刊载于《新建筑》2006年第4期（2006年8月）。

② 《元阳箐口村哈尼族生态旅游村旅游详细规划》主持人：朱良文；软件策划：黄惠焜；项目负责人：高静；项目组成员：丁凡、马杰、林琪、唐永革、黄烨勍、高蕾。

一、旅游规划前的思考

笔者第一次去元阳一带作民族村落及民居考察是 1995 年，当时由于云南特别是山区相对的发展落后，许多传统村落保护相对较好，极具特色的哈尼族蘑菇房在元阳县新街、胜村至黄茅岭一带随处可见（图 25-2）。

随着改革开放，云南在 20 世纪 90 年代后期加快了前进的步伐，旅游的发展，交通的改善，云阳新县城南沙的建设等也带动了元阳县村寨的发展。随之，村寨中传统的蘑菇房逐步减少，平顶砖房日渐增多，传统风貌日益受到威胁。

2000 年，云阳县领导在箐口村蹲点，为其发展出谋划策，提出要将箐口村作为哈尼族村寨旅游的试点。笔者接受其旅游详细规划任务时思虑重重：当时当地的情况是哈尼族传统村落的发展与保护处于"十字路口"；当时外地传统村落旅游开发的情况是好坏参半，掠夺型、文化失真型、规模失控型、保护型等皆有所见；当时对传统村落能否搞旅游在理论上争论激烈，赞成者、反对者各据其理，意见不一。

面对此情，箐口村的旅游规划如何下笔？思考的重点是分析矛盾，寻求对策。

对传统村落来说旅游开发是把双刃剑，既可促进村落发展，又存在着一定的矛盾：旅游开发有可能破坏脆弱的自然生态与文化生态；旅游开发容易干扰村民的日常生活；旅游开发可能抑制当地老百姓对现代生活的向往及发展的进程。

为此，我们寻求的对策是：选择适当的旅游开发模式，控制开发规模与旅游容量，把保护传统村落的原真性与自然性放在首位，最重要的是要让当地村民从旅游开发中得到实惠。这些对策落实到旅游规划中，具体体现在对一些问题的探索之上。

图 25-2　1995 年调查时的元阳县麻栗寨风貌

二、旅游规划中的探索

（一）探索合理的规划指导思想

箐口村旅游规划将其功能定位为哈尼族民俗文化生态旅游村，其规划指导思想确定为：完整保护原有村寨传统建筑和自然风貌，展示浓郁的民族地域特色，挖掘丰富的民俗文化内涵，以创造绿色和文明的生态环境为主旨；充实"吃、住、行、游、购、娱"六大旅游要素，完善旅游功能；维持村民原有日常生活轨迹，逐步提高其生活环境和质量。

在上述指导思想中我们突出两点：

一是将"以人为本"的思想不单落实到旅游者，更要落实到当地的村民。他们都是重要的"人"，规划应满足两者的需要。前者是短期旅游者的旅游需要，若不满足，他们不会来此消费；而后者是村民天天、月月、年年的生活需要，既有短期需要，更有长期需要。

二是将"可持续发展"的思想不单落实到旅游开发，更要落实到传统的保护之中。我们做的是旅游规划，而意识中是在做保护规划，也可以说是在"偷梁换柱"。因为两者实际上不可分，实践中村寨旅游正反两方面的经验教训摆在面前，不将保护措施落实到旅游规划中，就不可能有旅游的持续发展。

（二）探索合适的规划方法

"群众参与"这是人所共知的重要规划方法之一，搞村寨旅游规划更是非村民参与不可。哈尼族历来不封闭保守，乐于与外界交往，对旅游接待等不排斥、能接纳，这是旅游开发最好的条件；但是"开发"主要得靠村民自己，传统建筑保护、风貌环境整治等要靠他们自觉自愿地去做，旅游的接待、风景的展示、旅游活动的开展、环境卫生的维护等更得由他们去实施，因此必须事前让他们参与规划，明白规划。至于"群众参与"的方法则要因地制宜，这里重要的不是请他们来讨论规划图纸，而是让他们明白旅游开发、环境保护与他们的切身利害关系。为此，规划中我们必须采取逐户调查、宣传与听取意见相结合的方法；对规划有可能、有条件搞接待或展示的户，先征求意见，后再落实到图纸上，并为他们提供适应旅游、改善环境、整治风貌的具体建议。

（三）探索有效的生态保护途径

从自然生态来讲，规划从水系、绿化系统、道路系统三个方面进行保护的探索。水系着重解决河、溪、塘、泉水、井等的系统维护，防止污水污物对水体的侵袭；解决好排水沟的疏浚及垃圾的收集；继续推广当地已开始的沼气建设，发展种、养、沼结合的生态庭院。绿化系统着重保护好村寨的龙林及村中的古树名木，大力推进、增添庭院绿化。道路系统则避免山地村寨原有道路网络的破坏；为旅游、运输、消防需要适当拓宽主游路、改善路面；为改善环境，将人、畜道路分开，专设一条牛道；加强道路节点处的环境处理（图25-3~图25-6）。

从文化生态来讲，强调真实性与自然性，适当提炼与集中，力求民俗化；忌搞假文化、舞台化、表演化；力求将吃、住、文化展示等活动以家庭为主，让游客对其文化有最直接、最真实的体验与感受。为此，强调对当地村民的培训及对游客的教育，使他们认识本民族、本地域文化的特色与价值，强调对其山地稻作文化、传统建筑、服饰、餐饮、歌舞、节日、宗教、祭祀等文化生态的原真性保护。

（四）探索具体的传统风貌保护措施与恢复方案

传统风貌的保护包括村寨结构、道路网络、大片龙林、完整水系、总体轮廓、传统民居（造型、材料、色调）、古树名木、传统小品（寨心、寨门、水井、凉亭、小桥、石雕等），规划对其制定了具体的保护措施。

对已出现的风貌破坏现象，规划给出了具体的整治方案。例如平顶加蘑菇顶，红砖墙面用泥土抹灰；又如村寨中心广场、民俗活动场、村民小广场、寨门周围、中心井台等处的环境改造与整治方案。

图 25-3　箐口村现状分析

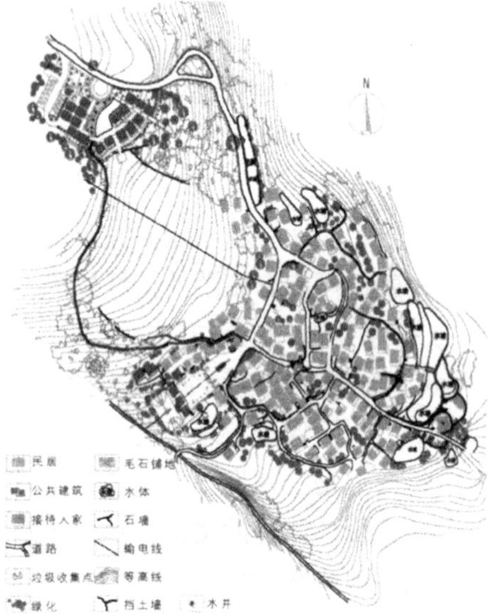

图 25-4　箐口村旅游详细规划总平面

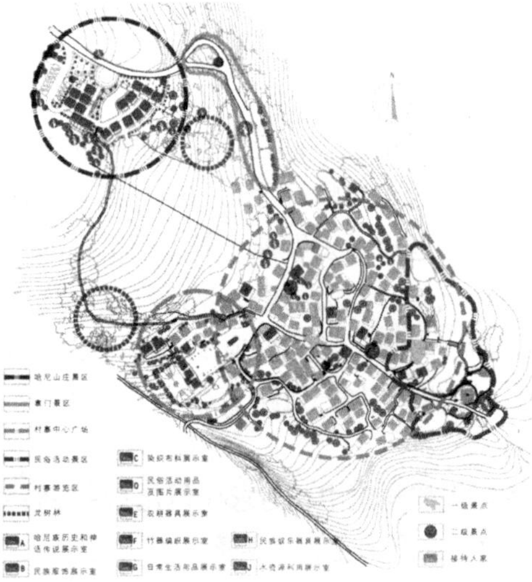

图 25-5　箐口村旅游景点及设施分布

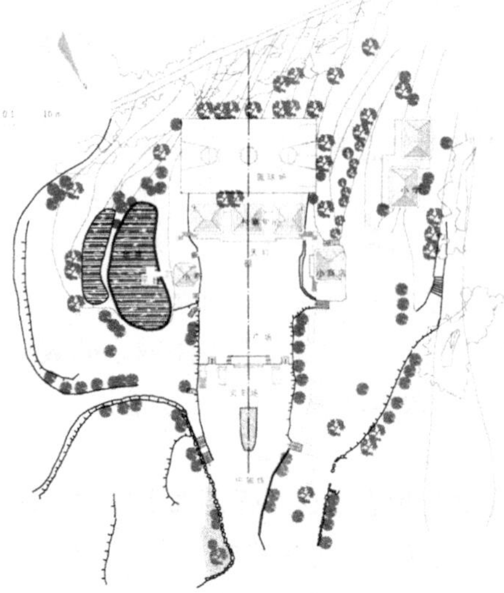

图 25-6　箐口村村寨中心广场改造平面

在保护与恢复的同时，对于结合旅游需要而设的村寨中心展室以及避开村寨而设的"哈尼接待山庄"，规划还作了一些本土化的探索设计方案，意在为今后的村寨发展探索方向。其中村寨中心展室已按所给方案建成，与村寨基本融为一体（图 25-7~ 图 25-10）。

（a）改造前　　　　　　　　　　　　　（b）改造后

图 25-7　箐口村接待人家风貌改造方案

（a）改造前　　　　　　　　　　　　　（b）改造后

图 25-8　箐口村中心井台环境改造方案

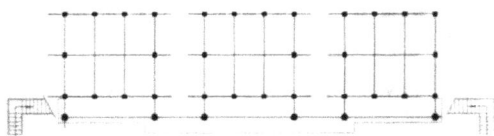
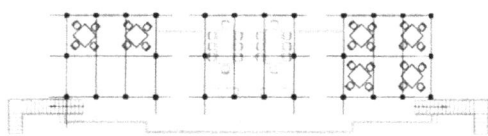

（a）一层平面　　　　　　　　　　　　（b）二层平面

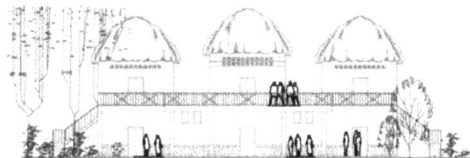

（c）屋顶平面　　　　　　　　　　　　（d）立面

图 25-9　箐口村村寨中心展室建筑方案

（a）总平面

（b）鸟瞰

图 25-10　本土化的哈尼接待山庄设计方案

三、规划实施后的反思

箐口村旅游规划于 2001 年 6 月完成后，由于县领导的支持与重视，很快得以实施，上级共投入了 400 多万元，在村口修筑了停车场、观景台、村寨入口大门及由公路至村寨的车行道，按规划搬迁了小学，修建了村寨中心广场及展室、休息亭，对原有的民俗活动场进行了环境整治，对村中的部分道路、水沟、破坏风貌的建筑进行了整治等等（图25-11、图 25-12）。

箐口村从 2001 年底即开始接待游客，至 2005 年时游客量约 7 万人次。门票收入从2001 年的数万元到现在的年收入数十万元；2003 年时村民每户从旅游中分得 144 元（相当于当年农业人均收入 600 元来说亦算是不小的补充）；至于两家家庭旅馆，一些房屋门面出租户，参与歌舞演出队的十余人等从旅游开发中的直接收益则更大一些。直接的经济效益调动了村民投入旅游的积极性，也调动了他们投入房屋、道路、环境整治与传统风貌保护的主动性。

图 25-11　已建成的村寨中心广场实景

图 25-12　整治后的箐口村寨风貌

（一）对两种规划差别的反思

笔者以前曾主持或参与过一些历史文化名城、传统街区、传统村落的保护规划，初期规划曾起过一些作用，但多年后发现其作用微乎其微，有的根本没有实施；现在从传统村落的旅游规划中反倒发现它对传统保护起到一点作用。反思两种规划的差别，试比较如下（表25-1）：

（二）对传统村落旅游发展动力的反思

今天得以基本保存下来的传统村落，多因以前缺乏经济发展动力因而贫穷所致。近十多年来，旅游经济成为一种较强的发展动力，它为传统村落的发展带来机遇；而由于传统风貌是村寨旅游的一种重要资源，因此旅游开发初期它还可以促进对传统的保护。

旅游规划主观上寻求传统村落发展与保护间的平衡，从而达到旅游的可持续发展（除了某些屈从于长官意志或老板意志的非理性规划外），然而在实践中却存在三种情况。

第一种情况，旅游发展动力过强并成为村寨经济的主角（甚至使其他农、副等产业消失），而在旅游开发中缺乏调节，过度开发，规模失控，资源耗损过度，传统风貌遭到破坏，从而造成传统村落的很快衰落。例如20世纪90年代中期西双版纳的曼景兰（"傣味一条街"）即如此。

第二种情况，旅游发展动力强盛，不断带来对传统风貌的冲击，但面对矛盾能主动采取措施，不断调整（如适当控制发展规模，或向外拓展发展范围），来保持发展与保护间的动态平衡。例如目前的丽江古城旅游采取向玉河走廊、束河镇拓展即如此。

第三种情况，旅游发展动力不足，不足以成为传统村落经济发展的主角，旅游开发虽能促进村寨的发展与保护，但不足以根本改变村寨贫穷落后的面貌。例如目前的箐口村即属此类，限于旅游规模不大，旅游收入有限，村寨经济仍较困难，村寨中外部传统风貌虽

保护规划与旅游规划对比　　　　　　表 25-1

比较项目	保护规划	旅游规划
主要目的	以传统保护为主	以旅游发展为主
主要内容	制定保护的项目、内容、区划、方法	安排吃、住、行、游、购、娱等旅游要素的布局
规划功能	保护	开发利用
比较项目	保护规划	旅游规划
主导思维	先保护下来，以后再考虑发展	以旅游发展为出发点，同时考虑保护，因为不保护则旅游不可能持续发展
规划与实施主体	先后皆由政府投入	起始多为政府投入，后多转为市场运作（也有政府投入的）
老百姓的反映	与己无关，不甚关切	与自己的利益相关，颇为关注
实际保护效果	思想上主动保护，实践中保护难实现	思想上被动保护，实践中促进了保护

有所保护与恢复，而许多村民传统的蘑菇房内部仍然是贫穷落后的原貌，这不仅不符合脱贫的要求，同样也不适应旅游的需要。

（三）对箐口村未来何去何从的思考

面对脱贫致富的要求，面对社会主义新农村的建设，属于上述第三种情况的箐口村在发展与保护两方面都将面临着何去何从的抉择。

在发展方面，在目前旅游发展动力不足的情况下，对于村寨旅游业的发展是进还是退？——笔者认为旅游业对箐口村的经济发展与村民的生活发展只有利而无害，即使尚不能成为村寨的支柱产业，也能成为村寨经济的补充；何况不仅是经济，旅游业对弘扬哈尼族的文化，促进村寨与外界的交流，提高村民的素质也都起到了促进的作用。为此应该在农、副产业全面发展的同时，进一步采取措施发展旅游：一是适当加大旅游的投入（政府支持或吸引企业参与），加大旅游开发力度，加强市场营销，吸引更多游客，增加旅游收入；二是在旅游利益分配上进一步向当地村民倾斜，以促进他们的生活发展。

在保护方面，箐口村是继续将传统风貌保护下去，还是随着社会主义新农村建设而与已失去传统风貌的周边其他村寨趋于一致，动摇对自己传统风貌的保护？——笔者认为当然是前者，而且应该以旅游的进一步发展来促进传统风貌更深层次的保护。这里有一个重要的问题，即不能以村寨及建筑的外部风貌保护来限制传统蘑菇房内部村民生活的发展与设施的改善；更不能以满足少数旅游者的"原生态"猎奇的要求而有意保持贫困落后、脏乱差的生活状况；否则，传统的保护也将无法持续下去，因为它不符合老百姓的愿望。

总之，我们期望着箐口村的发展与保护随着旅游的进一步发展走向更高、更深的层次；我们也期望着我国现存不多的传统村落，在社会主义新农村建设的大潮中迈出自己独特的发展与保护并重的步伐。

传统保护中审美意识的误区辨析^①

——在制定《丽江古城传统民居保护维修手册》中的再思考

经过一年多的努力，由笔者主持制定的《丽江古城传统民居保护维修手册》几经修改、审查，已经作为"世界文化遗产丽江古城保护技术丛书"之一正式出版，并经丽江市人民政府批复组织实施，该《手册》即将发至丽江古城中的各家各户。

笔者前已撰文"深化认识传统，明确保护真谛"（刊于《新建筑》2006 年第 1 期）阐述在制定《手册》中的思考，论及传统民居保护中一些有关传统内涵、真谛、地域差异等需要深化认识的问题。然而除了传统民居，扩大到包括其他传统建筑、传统街区、古城镇、文物、遗迹、文化遗产等在内的广义的"传统"保护，笔者感到意犹未尽，觉得还有一些更深层次的问题需要讨论。

如果说前些年由于人们一般不懂得传统的价值而造成传统建筑大量毁坏的话，现在通过周庄、丽江、平遥、西塘、乌镇等由传统民居作为主体的古镇在旅游开发中的巨大经济效益，不仅使人们认识到传统的价值，而且对之产生了期望值过高的追求。于是，又造成了对传统建筑两方面的威胁：一是旅游中超容量过分利用所造成的使用破坏，二是大量维修、修复、重建中的建设性破坏。本文仅就后者所包含的一些深层次问题进行探讨。

一、传统保护中审美意识的误区

当前，在传统保护中大量维修、修复、重建所造成的建设性破坏是惊人的。深究其缘由，不得不涉及对参与传统保护前后工作的各种人物起指导与驱动作用的审美意识这一美学范畴的问题。

何谓审美意识？广义地说，审美意识是指人类在审美实践的基础上，在哲学、政治、伦理等思想观点的制约与影响下，不断形成和发展起来的审美情感、审美认识与审美能力的总和，它具体包括审美趣味、审美能力、审美观念、审美理想以及审美感受等多方面的内容。

就传统民居、传统建筑、传统街区、古城镇、文物、遗迹、文化遗产等来说，它们是审美的客体。它们本身具有什么样的美，对于具有不同审美意识的人来说有着不同的审美感受；同样，它们在被维修、修复、重建后应体现什么样的美，也受到不同人的不同审美意识所支配。

目前，对于上述广义的传统在保护中，以及在维修、修复、重建中普遍存在着一些审

① 此文是就有关传统保护中的普遍性问题进一步从审美意识与审美主体剖析所写的论文，完成于 2006 年 7 月，参加了"第十四届中国民居学术会议"（2006 年 9 月，澳门），并在会上宣读，后刊载于《新建筑》2007 年第 3 期（2007 年 6 月）。

美意识上的误区。例如：古迹修复的越多越好，年代标榜越久越好，修复规模越大越好，形制规格越高越好，整体布局越完整越好，总体气势越恢弘越好，外部风貌越靓丽越好……在这种审美意识的驱使下，借传统保护之名对已毁的古迹重建日益兴盛，尤其是寺庙建筑修复成风；分明是遗留下的明清建筑，要恢复其始建年代的唐宋风格；凡有文献记载者，修建时必以自己今日的理解取其最高规格与最大规模，为体现"鼎盛"庙宇修复要有皇家气派，土司府修复趋于宫殿化；古迹周边的外围环境失控，过去是房屋紧逼影响视廊，现在则反之，在尺度不大的古迹前开辟大广场；至于古街修成了新街，名人故居想当然地"美化"，不论庙宇、亭廊皆以黄色琉璃瓦炫耀，古朴的民居以靓丽的油漆彩绘饰新等等更是屡见不鲜。

上述问题概括来说涉及假与真、全与残、新与旧三个方面的审美观念。一切传统、遗产的美首先在于其"原真性"，其中包括历史的真。科学的真，艺术的真以及文化内涵的真。前述在年代、气势、规格、规模等方面刻意追求、夸大的审美观念恰恰违反了传统、遗产对"原真性"美的追求。

完整是美的一种形态，但不是美的唯一形态。对于传统建筑、历史文物、遗迹遗址、文化遗产等来说，真实的"残缺"有时比虚假的"完整"更富有一种特殊震撼的美感。例如：希腊帕提农神庙、断臂维纳斯雕像、古罗马遗址、圆明园"大水法"遗址等所具有的残缺美给人们增添了许多美的想象，这种想象的美感绝非完整补缺、画蛇添足后所能得到的。前述古迹修复越多越好，整体布局越完整越好等审美观点，恰恰不懂得在传统、遗址、遗迹中有时所需要的特殊的残缺美。

追求翻新、"美化"、靓丽等浮华的审美观念是目前传统保护维修中普遍存在的通病，一方面它有悖于传统所必需的真实感，另一方面它也违背了一般传统所应体现的古朴、沉着、厚重的美感。

二、对传统保护中审美意识误区产生原因的探析

审美意识本身即属于审美主体的范畴，即审美对象（客体）在人们头脑中能动的反映。对于传统保护中审美意识误区产生原因的探讨，同时必须分析涉及传统保护前前后后、方方面面的各种审美主体——人，包括领导者、投资者、老百姓、建筑师、施工者等等。

领导者与投资者——即通常所谓的"长官"与"老板"，他们是传统保护中的决策者。为了探讨误区中产生的原因，在此暂且不谈正确的领导者与投资者对传统保护所作出的贡献。"长官"的审美意识经常受其地位的影响，受追求政绩的需要所左右，因此他们往往认为对传统的修复越多越好，规模越大越好，气势越恢弘越好。而"老板"的审美意识则经常受经济利益的驱使，由土地效益、投资效益所决定，大量的修复、高规格、大规模、宏伟气势、靓丽外貌等与他们的利益不谋而合。

老百姓——他们是传统保护的主体，一切保护都离不开他们（对于传统民居而言，有时他们还是传统的拥有者）。他们的审美意识通常受着当代社会的巨大影响，他们的审美意识通常也代表着当代社会的主流。我国改革开放以来，人们逐渐富裕起来，这对一辈子

过惯了穷日子的中国老百姓来说，无疑是巨大的变化；然而整个社会的教育水平、审美能力的变化却跟不上经济变化的速度，有时甚至在一段时间内会产生逆向变化。因而，浮华、花哨之风较为盛行，并成了当今社会老百姓较普遍的审美追求，这种审美追求也必然反映在对待传统的保护之中。

建筑师——他们是传统保护工作的策划者与设计者。中国当代的建设量之大，在世界范围内皆前所未有，同样传统保护工作量之大也是前所未有。然而中国当代的建筑师皆由现代建筑的教育所培养，除了少数专门的学者之外，他们中的大多数对传统建筑的了解远不及对现代建筑流派的熟悉，更谈不上对各地传统建筑特色差异的深究。面对着巨大的建设量及大量的传统保护工作，他们的审美能力（特别是涉及传统的审美能力）及知识结构有差距，多数人来不及探究；也有的受经济上"工分"影响而无心探究；更有少量的屈从于"长官意识"、"老板意识"及"老百姓的需要"，以掩饰自己的无能、偷懒、牟利，推卸自己的责任。

施工者——他们是传统保护工作的操作者与完成者。施工者有两种情况，一种是本地工匠，一种是外地工匠，不论哪种，他们本身的审美意识对传统保护工作的最后效果影响巨大。由于现代建筑工程量的巨大，使得各地的传统工艺在当地逐渐失传，这给传统的保护与传承带来巨大的不利影响，这是普遍性问题；再者，施工者的审美能力、审美观念往往更多地由经验所决定，大理白族的工匠不了解丽江纳西族建筑的特色，剑川的木雕技师到外地施工审美趣味丝毫不变。各地工匠的流动虽可促进文化、技艺的交流，但若审美观念故步自封，也会使各地的传统产生混淆，这虽属特殊性问题，但严重的甚至会破坏当地的传统。

三、传统保护呼唤技术指导与法规约束

前述从审美意识角度来探析传统保护中的问题及其相关成因，意图在于探寻根源。然而人们审美意识的形成涉及社会、经济、政治、哲学等一系列的制约与影响，要改变它也绝非一朝一夕所能奏效。回到现实中，要解决传统保护中的问题，批评、指斥无济于事，只有通过技术指导与法规约束两种手段，即从教育引导与行政限制两个方面的并行措施来促进传统保护的正确实施。

当前最需要的是技术指导。传统保护的多数问题不是人们的有意所为，而是不同的人任凭自己的审美意识主导传统保护所致。针对此类情况，就要求一部分专业工作者先行研究、指明正误，具体地告诉人们（包括决策者、设计者、操作者及广大的老百姓）如何正确地实施传统保护。本《手册》即是在这一思想指导下所完成的工作成果。它不是理论著作，而是实际的操作手册；然而它在正误辨别中渗透着浅显的道理与理论，为的是有利于管理者、设计者、施工者、老百姓不仅懂得正误，而且从中获取正误辨别的能力，促进审美能力的提高。本《手册》只是针对世界文化遗产丽江古城中的传统民居所为，各地、各种传统的保护需要大量的专业工作者做大量的工作来进行技术指导，任重而道远。

法规的约束也刻不容缓。面对当前传统保护中大量的、日益尖锐的问题，单靠技术指

导与教育已显不足,故而带有权威性的传统保护的规范出台势在必行。这里说的不是一般的"条例"、"行政法规",而是技术性的法规。建设部、国家文物局等行政部门过去已做过大量的工作,现在也正在加紧相关的措施研究;然而针对传统保护的多样性、复杂性、各地传统的差异性,在等待统一的传统保护技术规范之前,各地积极出台自己半规范性的技术规程也许更有效,更切实际。像《丽江古城传统民居保护维修手册》这样经市政府的文件批复组织实施,既带有技术指导性质,又带有一定的法规性质来试行,也不失为一种传统保护方法上的探索。

技术指导需要部分专业工作者先行研究,而它也是法规产生的基础;法规的出台既带有强制性,又体现技术的指导作用,促进人们主动接受技术指导,提升自己的审美意识。技术指导与法规约束并行不悖,必将促进我国传统保护工作的深化与提高。

把对文化遗产的保护知识交给群众①
——编写世界文化遗产丽江古城保护技术丛书之心得

当前，随着经济的发展、物质的丰富、旅游的促进，人们对精神生活的追求日益提高，对文化遗产的保护已逐渐深入人心；然而也毋庸讳言，对文化遗产的破坏现象仍大量存在，遗产保护工作任重而道远。

2004 年初，丽江市古城管理局的领导约笔者商谈，委托我们编写一本关于丽江古城传统民居保护维修的技术性手册，后来又委托我们再编一本关于丽江古城环境风貌保护整治的技术性手册。两本《手册》已先后于 2006 年、2007 年完成，并已纳入"世界文化遗产丽江古城保护技术丛书"出版。这里谈一谈我们工作中的认识与方法。

一、 对遗产保护中一些非理性行为的思考

虽然遗产保护的工作不断深入，成绩不小，如人们对丽江古城的保护成就有目共睹；然而当前各地存在的对遗产的破坏现象也不容忽视。这种破坏现象概括起来来自五个方面：

（1）自然的灾害，非人为破坏；

（2）不懂得价值，无知的破坏；

（3）受利益驱使，野蛮性破坏；

（4）过度的利用，使用性破坏；

（5）非理性修缮，"保护"中破坏。

这五种破坏除第一种外皆属人为破坏。对于前四种破坏现象的实例不胜枚举，不再罗列；对它们的问题解决需分别从规范防范、文物定级、法律约束、保护规划等各方面下工夫。本文仅就我们这次在编写两本《手册》工作中所碰到的第五种破坏现象做些深入探讨。这是一种非以往常规所见的破坏：不是衰败破落形式的损坏，而是保护维修造成的破坏；不是露骨明显的破坏，而是细微的隐性破坏；不是不想保存而有意识的破坏，而是真想保护而无意识的破坏；不是表面形式的破坏，而是内涵价值的破坏。总之，可以概括为"保护中的破坏"（图 27-1），也是保护中的一种非理性行为。

当前在对遗产的保护中存在不少非理性行为，例如：古迹修复越多越好，年代标榜越

---

① 受丽江市古城管理局之委托，2006 年、2007 年笔者先后分别与肖晶、王贺二人合作并带领研究生完成了《丽江古城传统民居保护维修手册》《丽江古城环境风貌保护整治手册》两本小册子的编写，后分别出版，效果较好；尤其前一本小册子影响较大，受到省内外多地的效仿，2008 年荣获第一届中国建筑图书奖向全国图书馆推荐书目。书虽小，但深感做了一件对文化遗产保护有价值的实事。此篇论文阐述了笔者编写工作之心得，曾以《对丽江古城保护研究的深入与浅出》之名在"云南特色城镇保护与发展研讨会"（2007 年 11 月，丽江）上报告交流，并编入会议文集；后略加修改以本题名应邀在"'乡土建筑的评估与保护'学术研讨会暨 2009 年建筑史学年会"（2009 年 11 月，昆明）上作主旨报告，亦编入会议文集。此次编入此文集时以后文为主，并补充了前文的少量内容与图片。

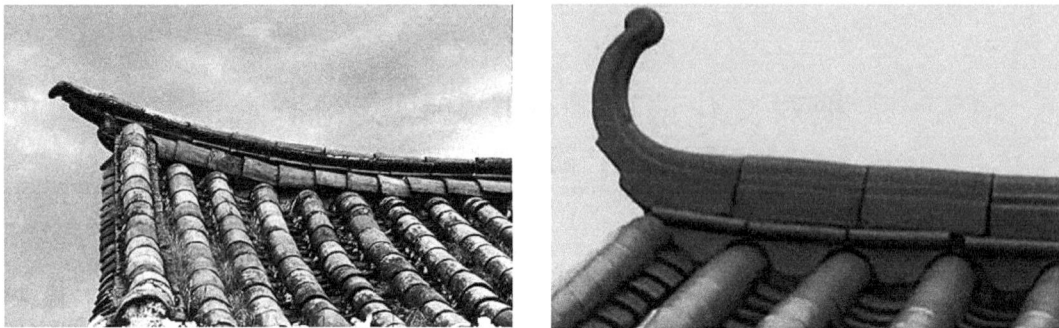

图 27-1 "保护中的破坏"示例

久越好，修复规模越大越好，形制规格越高越好，整体布局越完整越好，总体气势越恢弘越好，外部风貌越靓丽越好……在这种审美意识的驱使下，借传统保护之名对已毁的古迹重建日益兴盛，尤其是寺庙建筑；分明是遗留下的明清建筑，却要恢复其始建年代的唐宋风格；凡有文献记载者，修建时必以自己今日的理解取其最高规格与最大规模，为体现"鼎盛"庙宇修复要有皇家气派，土司府修复趋于宫殿化；古迹周边的外围环境失控，过去是房屋紧逼影响视廊，现在则反之，在尺度不大的古迹前开辟大广场；至于古街修成了新街，名人故居想当然地"美化"，不论庙宇、亭廊皆以黄色琉璃瓦炫耀，古朴的民居以靓丽的油漆彩绘饰新等更是屡见不鲜。

这些非理性行为，属于对传统保护的盲目性，它的产生发人深省：有的是按领导直接的指示所为，有的是老百姓真心保护的产物，有的是施工者自鸣得意的作品，有的是我们建筑师参与的设计，甚至有的连我们自己也要辨别一番正确与否的"保护成果"……由此可见，所涉及的是一些深层次的问题，然而分析其产生的原因，除了一部分受利益驱使外（如少数"长官"的追求政绩，"老板"的贪图利润），对大量的群众乃至领导来说仍属于认识上的误区，知识上的缺乏。对此，我们不得不反思一下：作为相关的专业工作者，我们应该做些什么。

二、 深入研究，认识价值所在，明确传统真谛

要防止与避免上述这些遗产保护中的非理性行为，必须对各类遗产深入地研究，认识其价值所在，明确其传统的真谛。

我们在制定丽江这两本《手册》的过程中，着重研究了下列三方面的问题。

（一）深入研究丽江特质

为了分析问题，我们收集了大量的正反实例。从不少反面实例中发现问题还是较多出在保护的盲目性，不懂丽江自己的传统特色及其内在的特质，把外地的形式当作自己的特色，用外地的传统来抹杀自己的特质，这对于因具有独特文化形态及内涵而成为世界文化遗产的丽江古城来说无异于"慢性自杀"。为此，我们通过深入调查进一步强调了丽江古城的特质：一是强调自然性，不求工整，但求随意；二是把握尺度感，不求高大，但求得

体；三是讲究人情味，不求气势，但求亲和；四是体现平民化，不求豪华，但求质朴。

（二）深入探析传统真谛

要解决保护的盲目性，防止"保护中的破坏"，必须对丽江古城及其传统民居的价值进行认真的研究，找出其传统的内涵与真谛。针对丽江民居的保护，我们研究提出防止忽视内涵的维修，着重防止：灵活性的丧失、自然性的退化（图27-2）、整体性的肢解、合理性的扭曲（图27-3）。就丽江古城的内涵来说，更应涵盖传统城镇形态及其构成肌理、空间特性、街巷尺度，它们的成因与内在含义。

我们也特别研究比较了丽江纳西族民居与其近邻大理白族民居之间形式上的异同与特

图 27-2　自然性的退化示例

图 27-3　合理性的扭曲示例

图 27-4　丽江民居与大理民居的比较

质的迥异（图 27-4），并详细比较了山墙、门楼、照壁、屋脊等两地形式上的差别。这是为了防止在保护维修中混淆差异而破坏了传统的地域特色，同时强调指出："传统的真谛深藏于各地不同的特质之中"。①

（三）深入剖析破坏原因

要防止"保护中的破坏"，就必须找到深层的破坏原因。认真研究后我们认为其大部分还是"保护什么"、"怎样保护"等认识问题，这就不能不从所涉及的相关的人（审美主体）及其追求（审美意识）上找原因。

先就"审美意识"来说，我们分析了当前传统保护中的种种审美意识误区，并概括到假与真、全与残、新与旧三个方面的审美观念加以剖析。通过分析指出：在传统的维修、重建中对年代、气势、规格、规模等方面刻意追求、夸大的审美观念恰恰违反了传统、遗产对"原真性"美的追求；对遗产真假不分地乱修，对传统布局不顾历史真实地追求完整复建，这种虚假的"完美"恰恰不懂得传统遗产中特殊的"残缺美"的价值；传统维修中追求翻新、"美化"、靓丽等浮华的审美观念既有悖于遗产所必需的真实感，也违背了其应有的古朴、沉着、厚重的美感。

再就"审美主体"来说，我们分析了涉及传统保护前前后后、方方面面的各种人——作为决策者的领导和投资者，作为保护主体的老百姓，作为策划与设计者的建筑师，作为操作者与完成人的施工者等等。对他们各自产生审美意识误区的生成原因作了分析与探讨，其目的就是希望能对症下药，解决传统保护中的深层次问题。②

---

① 详见《深化认识传统　明确保护真谛》一文。

② 详见《传统保护中审美意识的误区辨析》一文。

三、浅出普及，推广遗产知识，辨别保护正误

"保护中的破坏"其根源在人，因此"如何保护"其关键也就在于人，最重要的工作方法就是面向各种人进行技术性指导。

以前许多专家、学者对丽江古城做过大量研究，写过论文，出过著作。这对解决丽江古城要不要保护起过作用，其中也不乏"保护什么"及"如何保护"的相关内容，但不一定能针对今天的现实问题；重要的是领导、老百姓、施工者一般很少接触到这些论文、著作。

我们也曾对丽江古城保护中的问题作过呼吁，有的起到过一点作用，多数不起作用，即使有作用也多半是针对"要不要保护"的问题。

人大、政府先后也出过一些保护条例，从法令上规范行为、限制破坏，所解决的也是"要保护"而不是"如何保护"的问题。

因此，面对当前"如何保护"的现实需要，古城管理局委托我们编写两本技术性的《手册》，我们只有从学术楼阁中走出来，面向大众，针对现实，强调实用性与通俗性——这就是浅出。

经过编写组两年多的努力，第一本《丽江古城传统民居保护维修手册》[1]已于2006年4月出版，并已发到丽江古城各家各户及施工队手中，丽江市政府下文组织实施，开始发挥其技术指导作用；第二本《丽江古城环境风貌保护整治手册》也于2009年8月出版[2]（图27-5）。

这两本《手册》在内容上是深入的，它涉及丽江传统民居的平面、结构、构架与墙体、造型与立面、外部装饰、内部装饰、传统民居的功能改造，涉及丽江古城的形态与空间格局、古城景观、古城水系、古城街巷与中心广场、古城节点、景点与标志、古城的商业空间与休闲空间、古城环境设施与市政设施风貌、古城环境绿化。其内容强调现实的针对性。

这两本《手册》在形式上是浅出的，分章节，分项目，图片为主，简要文字说明，以

图 27-5　两本手册的封面

---

[1]　朱良文、肖晶：《丽江古城传统民居保护维修手册》，昆明，云南科技出版社，2006。
[2]　朱良文、王贺：《丽江古城环境风貌保护整治手册》，昆明，云南科技出版社，2009。

正误对比的表格方式阐明保护要点（图 27-6、图 27-7）。其主旨是便于普及，便于应用，具有可操作性与指导性。

项目	正确示例	错误示例
主天井	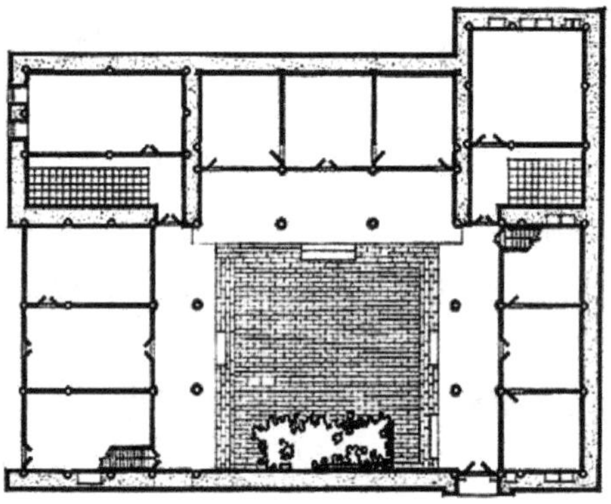 （院落平面） 主天井形态完整，没有附属建筑，常作铺地，绿化	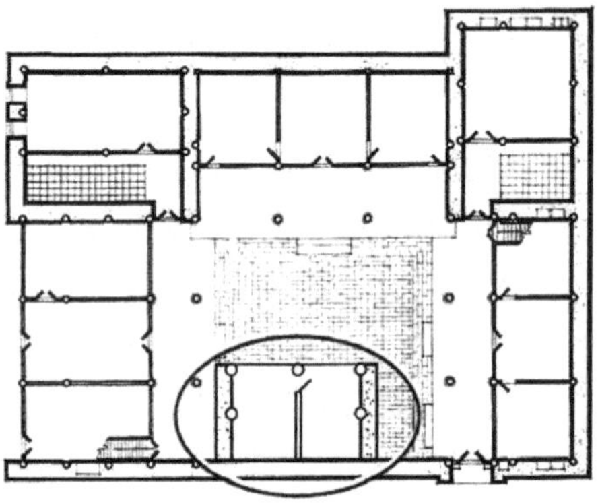 （院落平面） 主天井内不准乱搭建附属建筑
项目	正确示例	错误示例
体型组合	 纵横屋顶与照壁的高低组合，使得民居体型非常丰富	 这样非传统的门楼、挑阳台与现代材料的山墙杂乱组合，使得体型简陋、传统风貌丧失的现象不应再出现

图 27-6 《丽江古城传统民居保护维修手册》内页示例

深入研究，这是遗产保护工作的理论基础；浅出普及，这是遗产保护工作的实际需要。没有深入，就没有浅出的可能；而没有浅出，深入也就失去了它的意义。深入浅出，把对文化遗产的保护知识交给群众，这是动员群众主动参与到遗产保护工作中来的最有效办法。

项目	丽江特质	保护要点
道路网络	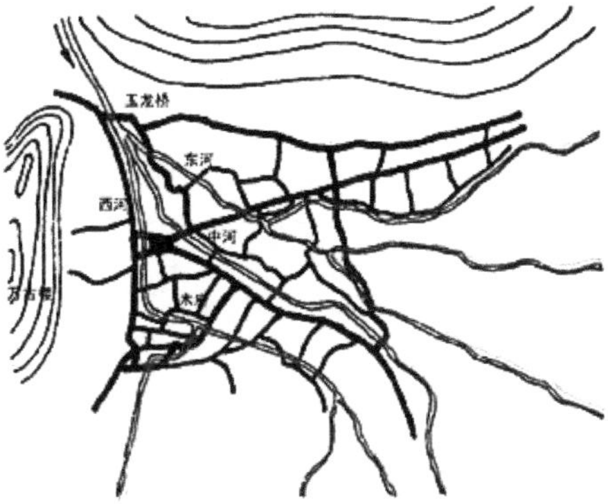 （丽江古城路网示意图） 因地就势，因水制宜，自然曲折，不求工整。以四方街为中心的放射形路网依山傍水，曲折起伏。	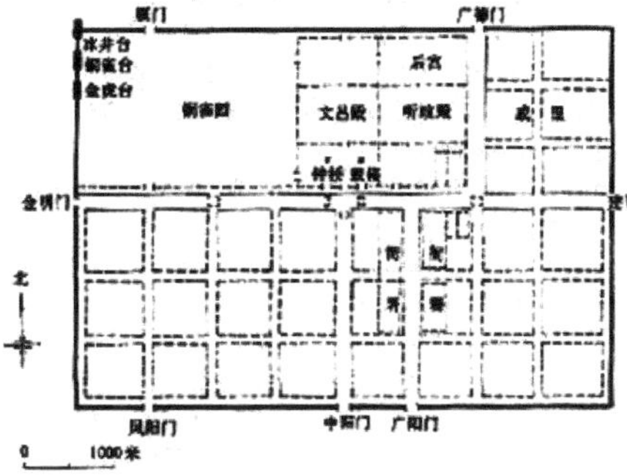 平原地区平坦地段上的道路路网规划（引自《中国城市建设史》） 严禁为求路网通畅、平直而破坏地形地貌、改造水系；严禁在古城内搞工整规则、几何形态的道路网络。

项目	丽江特质	保护要点
水系	 （古城中傍河的街道） 古城的水系景观丰富，主街傍河、小巷临渠、门前即渠、房后水巷等等，多姿多彩。	 （这种用混凝土盖板遮盖水面的情况不应出现） 古城严禁随意改造水系、覆盖水道、用混凝土砌筑工整单一的堤岸等破坏水系的自然景观。

图 27-7 《丽江古城环境风貌保护整治手册》内页示例

· 相关总结与拾零 ·

对"云南一颗印"的图版补缺与联想①

　　《华中建筑》1996年第3期重刊刘致平先生的遗作《云南一颗印》，引起我的注意。在重读中发现图版有缺，并见编者附言"由于底本《汇刊》有残缺，原'图版'中的图版①⑧⑰⑱阙如。该《汇刊》珍惜，一时难以获得第二底本，所缺图版难以补全"，深感遗憾，我连忙翻阅我过去多方寻觅所得的复印件，发现竟有这几幅图，于是立即电话告知总编高介华先生。现遵命将这几幅图复印寄上，以弥补缺憾。

　　我的这本复印件亦来之不易。大约在八九年前，当时自己也涉足云南民居的调查研究，很想找到刘先生"云南一颗印"的原文，先后向天津大学、东南大学、清华大学等有关老师求援，几次反馈的信息是"难以找到"，"我校《汇刊》就是找不到七卷一期这一本"等。又过了好久，好像是清华楼庆西老师在他们学校中帮我找到，并经一番周折复印了亲自寄给我，所以我一直很珍惜，并多次使用这份宝贵的资料。想不到这份复印件如今还起到补缺的作用。

　　重读刘先生的遗作"云南一颗印"，深感刘敦桢、刘致平等先辈在20世纪30年代为我国传统民居研究所开创的先河具有多么重要的意义，从此文也深深体会到先辈们的严谨学风。该文篇幅不算长，却涉及平面形式、房间布置、总体布局、结构构造、施工做法、特点分析、形成原因以及与古制的比较等等，文中无一玄虚的文字与空洞的议论，资料翔实，分析透彻，引证有据；测绘图纸更是详尽严实，记录准确，表达娴熟。联想我们现在的民居考察，交通工具比他们20世纪30年代骑着毛驴去丽江时方便，测绘手段也比他们先进得多，而无论是图纸的测绘与文字的记录有时往往不及，更不用说个别长而玄、空的论文与之形成鲜明对照，这不能不值得我们深思。

　　云南一颗印民居经刘先生20世纪30年代披露，如今在国内外建筑界（如日本）非常有名。然20世纪80年代初我曾访图中所记录的昆明近郊龙头村等地，已荡然无存，目前在昆明市内已很难找到典型的一颗印了。所幸我们发现在昆明近郊西山背面的明朗乡白眉村内至今还保留许多相当完整的一颗印民居，其中有几幢几乎与刘先生所记录的毫无二致，这里已经成了我历届研究生的"实习基地"。然而近两年每去一次，该村都有一些房子在"旧貌换新颜"，情况不妙！若再不及时保护几幢，恐怕今后在昆明再也找不到闻名遐迩的"云南一颗印"了。

---

　　① 此短文系应高介华先生建议于1996年12月随寄补图时所写的一点感言。事虽小，感慨却颇深。

民居研究学术成就 20 年^①

传统民居学术委员会（以下简称民居会）从 1988 年成立至今已 20 年，这也正是我国传统民居研究蓬勃发展的 20 年。民居会作为一个民间学术组织，只是全国学术研究领域的一部分，本文也仅就我会范围内的研究活动及学术成就进行总结；然而鉴于其组织上的广泛性、学术活动的持续性以及活动上的影响力，这 20 年的学术成就也在一定层面上反映出全国的民居研究动态。

一、民居会 20 年来学术研究工作概况

作为一个学术团体，民居会 20 年来紧扣学术研究这一主旨兢兢业业地耕耘，研究事业日益兴旺，研究队伍不断壮大，所取得的成就有目共睹，它表现在出成果与出人才两个方面。

（一）学术研究成果累累

20 年来民居会先后在各地组织了 15 次全国性的学术会议及 6 次"海峡两岸传统民居理论（青年）学术研讨会"，2 次国际学术研讨会，5 次小型专题研讨会，1 次地域建筑学术会议，举办了 5 届传统民居摄影展览。各类会议上总计发表学术论文 1350 篇以上，其中一部分选录在正式出版的论文集中，一部分发表于全国性学术刊物上。

20 年中我会及其成员个人发表有关传统民居研究专著约数十部。其中，由我会组织、陆元鼎教授任主编，杨谷生先生任副主编，集中数十位专家、学者历时数年编撰而成的《中国民居建筑》（华南理工大学出版社，2003 年 11 月）一书，是我会最具代表性的一项重大学术成果。成员个人在国家级出版社及各专业出版社（恕不一一列名）出版的专著不完全统计有：孙大章先生的理论巨著《中国民居研究》，以及《中国传统民居建筑》（龙炳颐）、《中国民居装饰装修艺术》（陆元鼎、陆琦）、《中国居住文化》（丁俊清）、《中国传统民居图说》（单德启）、《台湾传统建筑匠艺》（李乾朗）、《中国东南系建筑区系类型研究》（余英）、《闽海民系民居建筑与文化研究》（戴志坚）、《中西民居建筑文化比较》（施维琳、丘正瑜）、《传统村落旅游开发与形态变化》（车震宇）等理论研究著作；对地域性民居研究的著作有《桂北民间建筑》（李长杰）、《广东民居》（陆元鼎、魏彦钧）、《闽粤民宅》（黄为隽、尚廓、南舜熏、潘家平、陈渝）、《湖南传统建筑》（杨慎初）、《云南民居续编》（王翠兰、陈谋德）、《老房子——江南水乡民居》（郑光复）、《福建土楼》（黄汉民）、《湘西城镇与风土建筑》（魏挹澧、

① 此文为受传统民居学术委员会主任委员陆元鼎教授之命为中国传统民居学术委员会 1988~2008 年 20 年的学术研究所写的一份总结，接受任务后，深感对这 20 年作总结实非易事，故也只好花一番工夫，查阅了不少相关资料。尽管受个人能力与眼光所限，所谓"总结"也只能是分类、归纳与略加评说罢了，但对自己来说，使我对传统民居的进一步认识与理解还是大有收益的，也算是自己认真所写的一篇论文吧，故也编入此文集。此文写成于 2008 年 7 月，被编入《中国民居建筑年鉴（1988—2008）》（中国建筑工业出版社，2008 年 11 月）。

方咸孚、王齐凯、张玉坤）、《北京四合院》（陆翔、王其明）、《客家民系与客家聚居建筑》（潘安）、《北京古山村—川底下》（业祖润等）、《温州乡土建筑》（丁俊清、肖健雄）、《闽台民居建筑的渊源与形态》（戴志坚）、《山西传统民居》（颜纪臣）等；对少数民族住居研究的著作有《丽江纳西族民居》（朱良文）、《中国南部傣族的建筑与风情》（THE DAI Or the Tai and Their Architecture & Customs in South China）（朱良文）、《云南大理白族建筑》（大理白族自治州城建局、云南工学院建筑系）、《云南少数民族住屋——形式与文化研究》（杨大禹）、《中国羌族建筑》（季富政）等；此外还有《中国古民居之旅》（陆琦）、《丽江古城传统民居保护维修手册》（朱良文、肖晶）等科普读物。由此可见成果累累。

（二）学术人才不断涌现

20年来民居会学术活动的活跃、学术成果的丰盛来源于各地热心从事研究活动的学者，正是他们推动了民居会工作的前进；另一方面，民居会学术活动的兴旺又不断吸引了大批不同专业的老中青学者，据不完全统计历次活动先后共有近千人参与，其中经常从事传统民居研究的约有数百人，形成了一支在全国有一定影响力的研究队伍。

20年在学术上是个不短的时间。在这20年中，以陆元鼎教授为首的一批老一辈学者（20年前他们大多数也属中年）凭借他们敬业的精神、深厚的学识、勤奋的研究及有分量的成果，已经成为全国（包括港、澳、台）民居研究中有影响的学术台柱，在各省市及高校他们也多为学术上的领军人物。在这20年中，更有一批由青年成长起来的中年学者，他们从参加民居会的活动开始逐渐成长为目前民居研究的核心人物，如陆琦、王军、张玉坤、李晓峰、杨大禹、戴志坚等各位教授，他们多半凭借有关民居的研究获得了博士学位，在各地高校中已经成为学术骨干乃至学术带头人，很多已经是博士生导师；他们的思维敏捷，思路开阔，对外交流广，研究方法也多样化，是目前民居研究活动的中坚力量。当前在民居会中更有一支庞大而活跃的青年研究队伍，他们多半是各地各高校的青年教师、研究人员、设计技术人员及博士研究生、硕士研究生，他们很多都是被传统的保护与更新、城市的地域特色、新农村建设等热门课题有意无意地吸引到传统民居研究的队伍中；特别是目前各高校建筑系有一部分研究生论文选题都与传统民居相关，因此民居会也成了他们学术交流与展现的平台，他们中必然有一批人在今后也会脱颖而出。民居会后继有人，后继兴旺，后继更有希望。

（三）学术活动特色鲜明

回顾这20年来民居会的学术研究活动，有三点鲜明的特色值得记叙。

1. 真正把学术活动放在第一位

20年来民居会组织了大小各种学术会议数十次，参加人数愈来愈多，涉及专业日益广泛。其生命力所以旺盛，根本在于真正把学术活动放在第一位，每次会议有明确的主题，提供真正的学术交流平台，让与会者在学术上确有所得，学术会议不是办旅游，更不是为了赚钱。

2. 组织考察与学术交流并重

民居考察是传统民居学术研究的基础，20年来的各次会议有意识在全国各地（包括港、澳、台）轮流召开，借机考察各地传统民居，既加强了学者对各地传统民居的基本认识与比较，又促进了当地对其传统民居的价值认识与保护意识。初期，社会上有人认为民居会

"借学术名义搞旅游"，殊不知我们跑的多半是崎岖的山村、偏僻的村寨，经常白天长途跋涉，晚上开学术讨论会，这是在"旅游"吗？所幸这很快被社会所理解，并把"组织考察与学术交流并重"作为本会学术活动的特色而得到各界的赞赏。

3. 重视学术成果的整理发表

每次学术会议后的论文整理、正式发表，不仅有利于论文质量的提高，也便于展示研究者的学术成果。我会20年来在各种会后组织出版了《中国传统民居与文化》论文集共6辑（中国建筑工业出版社），以及《中国传统民居营造与技术》《民居史论与文化》《中国客家民居与文化》等论文集（皆华南理工大学出版社），另外一部分论文推荐发表于《华中建筑》、《新建筑》、《小城镇建设》等全国性学术期刊及一些高校的学报上。这对各地学者尤其是青年学者的学术成长、职务提升起到了重要的作用。

二、 学术研究的内容综述

在20年来我会组织的各次学术会上，与会的各学科老、中、青学者围绕"传统民居的保护、继承与发展"这一永恒的主题及各次会议的命题，发表了千余篇论文，论述浩瀚，其具体研究内容之广实难概括。回顾20年的研究成果，只能对其主要方面作一综述。

（一）对传统民居的史学研究

我会创始人及组织者陆元鼎教授数十年来不仅以自己的行动推动了中国传统民居研究历史的发展，而且也一直进行着传统民居的史学研究，他的"中国民居研究的回顾与展望"也是这方面的研究成果。此外。高介华先生对楚民居的研究，刘叙杰教授对汉代居住建筑的研究，谭刚毅博士对两宋时期的民居研究，孙大章先生对清代民居的研究，以及一些学者对地方民居的历史研究（如庄裕光先生的"巴蜀民居渊源初探"，李乾朗教授对台湾客家民居的研究）等，可以说传统民居的史学研究已涉及纵向与横向的广阔领域。然而也应该看到，这其中似乎对民居考古与文献的研究尚感欠缺。

历史研究的目的向来都是"古为今用"，如何从民居演变的历史中找寻轨迹、挖掘精华、借鉴发展今天的民居，应该还有大量的工作可做。

（二）对传统民居及其聚落更广泛的调查研究

起始于20世纪40年代，在60年代兴起的我国传统民居调查，经"文化大革命"一度中断，后于20世纪80~90年代再度兴盛。除了中国建筑工业出版社为出版《中国民居丛书》组织的调查以外，各地的高校建筑系师生、建筑设计界技术人员、相关文化工作者皆热情投入，我会广大成员也活跃其中。就调查的地域来说更加广泛，全国各地从平原到山区，从内地到边疆几乎都有新的发掘，如《江西围子述略》（黄浩、邵永杰、李廷荣）、《三峡水库湖北淹没区传统民居考察综述》（吴晓）、《徽州呈坎古村及明宅调查》（殷永达）、《云南彝族山寨井干结构犹存——大姚县桂花乡味尼乍寨闪片式垛木房民居考察记》（朱良文）以及有关东阳明清民居（洪铁城）、阆中古民居（曹怀经）、平遥传统民居（张玉坤、宋昆）、贵州侗居（罗德启）、蒙古包（阿金）、河南民居（胡诗仙）、胶东渔民民居（张润武、薛立）、赣南客家民居（万幼楠）、马祖民居（康偌锡）、湖南名人故居（黄善言、陈竹林等）

等的调查。从调查研究的内容来说，不仅是民居单体，而且扩大到聚落，并对其生态环境、地域与民族文化背景、生活习俗等作了较全面深入的调研，千余篇论文中的约四成篇幅都是这些调查研究成果的反映，它们对传统民居及其聚落的构成形态、平面形式、建筑空间、造型特色、装饰细部等都作了不同侧重的分析研究，其资料的丰富及内容的精彩无法一一陈述。

实地调查乃民居研究之基础，过去传统民居长期未被人们重视，因此今天的调查发掘更是研究中之首要工作。尽管近 20 年来的调查展现出异彩纷呈的局面，然而我国幅员广阔，对传统民居及其聚落的调查研究尚有进一步拓展与深化的需要及可能。

（三）传统民居建筑文化研究

20 世纪 80 年代以来，对传统民居建筑文化这一课题的研究异常活跃。表现之一，本会历届会议的论文中，大量篇幅反映了许多学者对传统民居建筑文化研究的成果，其中涉及：中国传统文化与民居内涵的关系（王镇华先生、余卓群教授、李先逵教授等）、传统民居与地域文化（王文卿教授、罗来平先生、戴志坚教授等）、少数民族文化与住屋形式（罗德启先生、施维琳教授等）、宗教文化与民居（王翠兰女生、杨大禹教授等）、民俗文化对民居的制约（王其钧先生、刘金钟先生等）。表现之二，高校建筑系研究生博士论文、硕士论文选题对这一课题十分热衷，而他们也是不断参与历届民居学术会议的富有活力的学术群体。

这种对传统民居建筑文化的研究热，究其原因：一是改革开放以来各种文化的交流促进了我们对文化层面的思考；二是外界的民居研究方法（如 A. 拉普普《住屋形式与文化》一书的引进）拓宽了我们的研究思路；三是根本原因在于我们多年研究后对传统民居认识的深化，使我们认识到文化是传统民居的灵魂。不过也需指出：传统民居的形成与发展受多种因素的综合影响，而且不同情况下主导因素不尽相同，我们也应防止把文化因子绝对化而忘却民居建筑的本原。

（四）传统民居营造技术研究

我国传统民居的丰富性不仅表现在类型的多样、造型的多姿多彩上，同时在材料运用的地方性及营造方法与技术上也有着鲜明的特点。对此，台湾学者的研究颇为精深，如李乾朗教授对台湾传统建筑及民居的建筑匠艺有研究专著，徐裕健教授对木结构之尺寸规制及其凶吉禁忌有深入的研究；台湾不少学者也很重视对民间传统匠师的访谈与记录，这对传统建筑技术的传承十分重要。大陆的研究者中，潮州的吴国智先生十余年来有近十篇论文总结潮州传统民居的木构架等营造技术，详尽而深入；此外，陆元鼎教授对民居丈竿法，木庚锡先生对丽江民居木架构的抗震构造，吴庆洲教授对中国民居的防洪措施以及一些学者对传统民居的防水、防潮、防白蚁、通风等技术方面皆有不同的研究。

传统民居的营造技术是一项非常重要的基础性研究，不少传统营造技术对今天的地方建设及本土特色的塑造仍有可借鉴之处。然而总体来说，我们对传统民居的营造程序、方法、技艺、匠师等方面的调查、总结、研究都尚欠广泛、深入与细致。

（五）对传统民居研究方法论的探讨

近 20 年来对传统民居的研究方法，无论从广度或深度都有了质的变化。参与研究的人员不仅有建筑学者、研究生、工程技术设计人员、建筑企业领导、建设管理者，还有历史、社会、民族、文化等学者、艺术工作者、传播媒体工作者等等；研究者的学科领域也愈来愈广，已经从以建筑学为主扩大到人文地理学、文化人类学、社会学、生态学、艺术哲学等等多种学科介入共同研究。就传统民居研究的方法来说，仅在我会范围内即涉及类型学的研究（陆元鼎、孙大章等），以聚落为出发点的研究（梁雪、谢吾同等），环境学的研究（李兴发等），装饰文化的研究（陆琦、洪铁城等）以及人文地理学（那仲良），生态学（李晓峰），文化人类学（潘莹），美学（唐孝祥），符号学（谭刚毅）等等，还有比较方法的研究（郑光复、许焯权、贾倍思等）。不同学科学者的参与及从不同角度的研究，自然拓宽了研究思路，丰富了研究内容，更提高了研究的质量。

为了学术研究的深层发展，不少学者还对传统民居研究的方法论本身进行了思考与探讨。这方面，李晓峰教授的《乡土建筑——跨学科研究理论与方法》一书是一本力作；此外，《地域建筑与乡土建筑研究的三种基本路径及其评述》（岳邦瑞、王军）、《关于民居研究方法论的思考》（余英）、《中国古代文人的住居形态探索民居研究方法小议》（王其明）等论文都各有精辟的见解；刘克成教授在《西部的选择》中提出的对传统民居进行"整合学科、系统研究"的问题，有着重要的意义。

（六）传统民居及其聚落的保护、更新与开发研究

这是一个在理论上比较热门，在实践中比较棘手的问题，也是历次学术活动中频率颇高的研究话题。概括来说，又大致包括以下三方面的内容。

1. 对传统民居及其聚落保护与利用的研讨

早期有较多的论文介绍安徽、江苏、山西、广东、福建、云南等地的传统民居或街巷、聚落，阐述其特色，探讨如何保护及利用的对策。其中，（台湾）阎亚宁教授在《鹿港街屋特质与保存问题》一文中介绍了其保存观念、再生营运计划，并讨论了实践中的各种矛盾，比较具体而实在；李先逵教授《地中海巴尔干民居地域特色及其保护中的现代价值取向》一文介绍了当地对民居进行文物性保护、半文物性保护、风貌性保护、更新性保护、复原性保护等多层次保护以及保护与开发、保护与管理的经验，有一定参考价值；殷永达教授的《徽州古宅更新保护设计》还介绍了具体的设计方案探讨。

近几年这方面研究更为广泛与深入，论文也数不胜数，其中涉及北京四合院、陕西窑洞、云南一颗印、三峡民居等著名民居类型以及一些会馆、祠堂建筑的保护与开发利用，各有其思路、经验与问题探讨；《我国南方村镇民居保护与发展探索》（陆元鼎、廖志）一文还提出了保护的对象、范围、标准与原则。

2. 对传统民居保护措施的研究

20世纪90年代，丽江、平遥、江南水乡古镇等相继列入世界文化遗产名录，大大提高了人们对传统民居价值的认识与保护意识；然而虽重视保护，但保护中的无意破坏却不断发生，用什么措施来真正保护好各地有价值的传统民居被提上日程。昆明本土建筑设计研究所接受丽江古城保护管理局委托经过一年多调查、研究、编制的《丽江古城传统民居保护维修手册》一书，以通俗易懂的正误对比、图文并茂的方式将保护措施普及到当地各家各户及施工人员手中，将学术研究工作深入浅出地落到实处，对丽江传统民居的保护起

到了很好的作用。

现在随着对传统的认识提高，不少地方的人大、政府逐渐颁布一些保护条例。如何从保护条例进入到保护的具体措施，这是传统保护工作深化的需要，也是传统民居保护研究今后需要大量做的具体工作。

3. 历史街区与传统村落的保护与旅游开发

随着周庄、丽江、平遥、乌镇、西塘等地的旅游热，这几年各地对历史街区与传统村落的开发掀起了热潮。我会许多学者及设计人员也大量接触这方面的研究与规划设计探讨，有的已付诸实施，如昆明本土建筑设计研究所完成的"云南元阳箐口哈尼族文化生态旅游村详细规划"已经按规划实施，既促进了当地旅游的开发，增加了农民的经济收入，又促进了哈尼族"蘑菇房"民居的保护。相关论文总结也颇多，如对苏州山塘街（周德泉）、泸沽湖摩梭母系家屋聚落（邢耀匀、夏铸九等）、北京川底下古村落（郭翔）等保护与旅游开发作了很好的总结与问题探讨；对凤凰沱江镇（魏挹澧）、楠溪江芙蓉及苍坡两座古村（业祖润）提出了很好的规划设想；此外还有涉及北京前门、西安鼓楼、福州"三坊七巷"等著名历史文化街区的保护、更新与开发研究。

大家都知道旅游是把"双刃剑"，它既可促进传统的保护，也可能造成对传统的破坏，近几年各地正反的实例皆不少。对此，也只有通过不断的研究与认真的规划来处理好两者的矛盾。

（七）传统民居的继承及其在建筑创作与城市特色上的探索研究

研究传统民居的根本目的是为了继承与应用，我会许多学者及设计人员都在进行着这方面的探索。概括来说也有三方面的内容。

1. 对传统民居价值论（继承问题）的理论研究

我们经常会遇到关于传统民居"有什么好""要不要保""能不能继承"等等在学者与群众，学者与领导以及专业工作者之间都有不同看法的问题，究其原因，是一个对传统民居的价值认识问题。鉴于感触颇深，笔者从 1991 年起即开始对传统民居价值论进行思索，数年来先后发表了《传统民居的价值分类与继承》《试论云南民居的建筑创作价值》《试论传统民居的经济层次及其价值差异》《试论传统民居的消失与出路》等多篇论文，探讨传统民居的继承问题。其主导观点是：不能把大量的传统民居当作静止的文物，因为它有着不同于文物（以历史、科学、艺术三大价值来衡量）的三种价值，即历史价值、文化价值、建筑创作价值；不同层次的民居有着不同的价值可供借鉴，其可继承性及继承方式也不尽相同；在传统民居的建筑创作价值方面，除了总结一些创作手法外，更提炼出"从人出发、以人为本的创作意识"，"因时制宜、因地制宜的创作态度"，"兼收并蓄、融汇于我的创作精神"等创作思想以便继承。此外，也有一些学者在不同场所提及传统民居的旅游价值、装饰价值以及研究中的价值取向等问题。

传统民居价值论是一个较为理论性的问题，但是对传统民居的保护、继承与更新有着厘清思路，缩小认识差距，从而指导实践的作用，因此，还有待更多的学者做更深入的探讨研究。

2. 建筑创作上的探索

多年来关于"传统民居是建筑创作的重要源泉之一"在建筑界已形成共识；尤其在

把"现代本土"作为建筑创作方向之一的今天，许多建筑师都在寻找当代建筑与传统民居的结合点。黄汉民先生长期对福建传统民居特别是福建土楼有精深的研究，同时他也经常将民居中的传统元素运用于建筑设计中，创作出福建省图书馆、福建省画院、福州西湖"古堞斜阳"门楼等一批优秀的建筑作品，在传统民居的继承与新建筑地方特色的创造上作了很好的探索。香港的林云峰先生也非常重视从传统民居中吸取营养，其《民居会议及建筑设计之启发返璞归真的环保建筑》一文，即介绍了香港几幢建筑吸取民居"善用天然资源"的意识，用于新建筑设计而达到了节能的目的。陆琦教授近几年在广州大学城练溪村及中山"洋庐"等项目中吸取岭南民居的精华，在新建筑创作手法中作了很好的探索，取得了较好的效果。

目前这一类的探索日益兴盛，他们或从传统民居的布局、形态上，或从其元素符号上，或从其空间环境上，或从其材料运用上，或从其文化内涵上等等方面激发灵感，寻找结合点，正在不断推动着新的建筑创作的前进。

3. 城市特色上的探索

改革开放后人们对"千篇一律""千城一面"的不满与指斥，引发了打造"城市特色"的话题。其实我会很早就有一些研究者的论文如《传统民居与城市风貌》（李长杰、张克俭）、《新疆喀什民居及其城市特色》（茹仙古丽）等在探索传统民居对城市特色的影响；此外，《传统民居与桂林城市风貌》（李长杰、张克俭）、《城市建设走民族风格地方特点问题的思考》（刘彦才）、《传统民居对现代城市建设的启示》（陈一新、谢顺佳、林社铃）等论文分别论及桂林城市特色的打造，南宁城市特色的思考及对香港都市特色的探讨。不久前昆明本土建筑设计研究所接受当地委托完成的《楚雄彝族城市特色研究》课题，具体探索了如何从当地传统民居研究出发来规划今后楚雄城市特色及其营造方法。所有这一切说明传统民居的研究对城市特色的营造起着愈来愈重要的作用，这方面的研究也有待拓宽。

（八）新民居探索与新农村建设的实践研究

早在1993年，单德启教授即在欠发达地区的广西融水县进行了苗寨木楼改建的实践，跨出了传统民居从理论研究走向实践探索的重要一步。其后，笔者于1997年在西双版纳也进行了傣族新民居的实践研究，直到1999年才陆续建成几幢，十年后的今天终于开始推广到一些村寨（如景洪曼景法）。我们有个共同的理念：随着时代的前进应允许民居在功能、设施、材料、技术各方面不断发展，形式也不可能一成不变；这种"大量改造"乃至"完全新建"的民居是应该也必然区别于"重点保护"或"少量保存"的那部分传统民居的。我们建筑师及研究者在新民居探索中的职责就在于如何尽量"继承传统精华"（也包括精华之一的传统形式）。实践证明这是非常艰难的事业，各地情况千变万化，问题多种多样，不可能有一个固定的模式，只有深入实际具体研究；现在不少建筑师已经体会到这是不同于一般在办公室内"完成图纸"的设计，也不仅是建筑样式的设计，它还包含着建造过程与设计方法的探索。

新民居探索从来都是与村寨的改造、建设联系在一起的。多年来各地有过许多关于村寨建设的研究，不过停留在规划设计阶段的较多；而真正已经建成的一些"新村"又恰恰缺乏研究，而走了一般城市化的道路。这使我们意识到：在国家提出新农村建设方针的今天，我们传统民居的研究应该更主动地与实践结合，更多地投入新民居探索与新农村建设的实践研究之中。

上述八个方面只是对传统民居研究涉及的主要问题的综述，未能包罗所有的研究。此外，民居会还组织过一些专题的研讨会，如客家民居、福建土楼、江南水乡民居、湘西民居、滇东南民居等等，就一些问题进行了较深入的探讨，其中也包含着上述几方面的问题。

三、对今后学术研究的展望与建议

回顾过去的 20 年，我们对民居研究所取得的成就感到欣慰；然而展望未来，我们深感传统民居研究既要有进一步深化研究、保护传统的追求，又应该承担更多面向未来的责任。为此，我们的研究尚有需要改进与深化等问题存在，概括有以下四点建议。

（一）对传统民居及其聚落的调查研究应进一步强化与深化

随着我国城市化的进程及新农村建设的步伐，我国许多传统的村落及其传统民居也加快了消亡的速度。为此，从抢救传统的角度，我们应对我国广阔领域内尚存的传统村落及其民居加大力度加快速度进行调查研究工作。接受以往的教训，大规模建设之前搞好调查研究，才能对以后的建设提供指导意见，能保的保，能改的改，即使必须拆的也有资料可查，对新建设提供借鉴。

在对传统调查研究的方法上，老一辈开创的实地考察—测绘（有时加速写）—基础资料整理—分析研究的传统方法一直为我们所沿袭。然而现在随着设备的进化，测绘这一重要环节却相对减弱，走马观花似的拍几张照片即为"收集资料"者甚为普遍。我们提倡用更先进的设施来更完整、准确、系统地收集资料，但还得提倡学习老一辈"脚踏实地"的精神，多作实地的深入考察；至于人类学者对"野外作业"的亲身体验要求以及多学科综合调查的方法等都是值得我们民居调查学习与借鉴的。

（二）进一步深化对传统民居综合理论的研究

宏观地看，20 年来我们的论文、论著就数量来说不算少，但在理论上有所建树或有重大影响的力作相对不多；至于在今日的城市建设及新农村建设中，能够被人们确认具有"理论指导价值"的论著亦甚少。微观地看，我们的著述多偏重阐述传统民居的"精彩"，而具体分析"为什么精彩"，这种"精彩"如何转化为今天所用等等则嫌不足；至于深入剖析，将其上升为令人信服而不空洞的理论者更少。具体地说，对传统民居的保护、继承与更新中至今还有大量的问题需要理论澄清：传统的真谛是什么？如何保护？哪些东西需要继承？如何继承？民居要不要发展？如何发展？……因此，无论从哪方面看，我们都需要进一步深化对传统民居综合理论的研究。

（三）面向当前城市建设与新农村建设的实践作出更大的贡献

改革开放以来我国的城市建设一直处于热火朝天之中，但传统却在不断地消失；现在人们愈来愈认识到传统的价值，因此传统民居研究者的投入也愈来愈多。当前新农村建设又提上日程，人们比以往更早地认识到传统民居研究与之密切相关。目前对我们来说是大好时机，应该有所作为。我们应该以自己的研究作理论指导，更应该直接参与实践探索，从过去由传统民居实践总结成理论的研究，走向应用理论指导今日建设实践的探索，相信其后也将会产生更多的理论。我们应该面向实践，主动投入，我们应该而且能够在当前城市建设与新农村建设的实践中作出更大的贡献。

（四）对传统民居的研究方法应该更加科学化与综合化

对传统民居的研究，历来直到现在我们大多数仍然是"个体式"的研究方式，选题也多半是个人所及或兴趣所致。这本是研究工作必不可少的基础，无可指责；对一个民间学术团体来说，这也将仍然是今后的一种重要方式。然而要想针对前面所说完成一些重大的综合理论研究，或对城市建设与新农村建设有较大的贡献，则必须选择一些重大的课题，争取相关的基金资助，集中更多的力量，研究方法也应更加科学化与综合化。所谓更科学化，即不仅有感性认识，更应有理性的科学分析，不仅研究定性问题，更应有定量的探究，尽管建筑学方面不全能如此，但应向此方向前进。所谓更综合化，即前面提及的"整合学科、系统研究"，重大的课题必须有相关不同学科的学者共同来"集体攻关"。在当前我国城市建设及新农村建设中，传统民居研究应该大有可为，也可以大有作为，我们应该争取一些重大的项目，运用更科学、更综合的研究方法进行突破。

过去20年的学术成就已成往事；未来10年、20年，我们相信民居会的学术研究将会有更加辉煌的成果。

后记

20年，时间不短；累累的学术成果摆在面前；成批的民居学术界朋友及后辈新秀浮现于脑海；……要想对其作一番总结实非易事。我只能勉为其难地受命，尽其努力地完成。这样的"总结"不可避免地受个人能力及眼光所限，不可避免地把个人观点加入其中（也不避嫌地把自己的所作所思纳入其中），因此它也不可避免地存在某种"片面""主观"。因此，也就请把它当作一篇不全面的"归纳"参考罢了！

附带说明几点：

（1）本文的"总结"主要针对民居会的学术活动及经常或先后参与民居会学术活动的学者之成就，对同时期全国广大专家学者、研究者的卓越成就（如陈志华教授、楼庆西教授、蒋高宸教授、张良皋教授、荆其敏教授等）未能涉及，并非有意抹杀，特此说明。

（2）文中列举著作及论文仅就言之所需而取之，不可能一一罗列，难免挂一漏万而未提及更重要者，遇此类情况亦请原谅。

（3）在本文写作中大量翻阅了民居会历年活动的论文集及一些期刊，特别是《中国民居建筑》一书"附录二 中国民居建筑论著索引"，起到甚大的作用；但因不属引文，恕未一一注明，只在此一并表达谢意。

愉悦的回忆①
——回顾第二届民居学术会议

自从中国民居第一届学术会议于 1988 年 11 月在广州召开并成立了传统民居学术委员会后，原计划第二届会议于 1989 年在贵州召开，后未成，故决定改为 1990 年在云南召开。作为民居学术委员会副主任委员的我，当时任云南工学院建筑学系系主任，欣然接受这一委托，负责了这次会议的筹划与筹备工作。

当时云南在全国属经济欠发达地区，对外开放程度不高，许多人对云南还抱有神秘感；业内人士都知道云南的传统民居非常丰富，而真正来考察过的不多，于是许多人对云南的这次会议抱很大兴趣。鉴于此，我想这次会议应该把考察与学术交流并重，更突出考察，让大家多看一看云南的几种主要民居。然而，当时存在着经费不足的困难（只有学校支持的 3000 元），于是我分别前往大理、丽江、版纳、玉溪、思茅、楚雄等地的建设局寻求支持，谁知各地听说全国有许多专家要来参观考察（当时很少有全国性会议关注这些地方），都抱着极大的热情表示支持，这反而又带来了地方取舍上的难题。针对当时云南各地间主要靠不太通畅的公路交通，这个会要么在有限的时间内压缩考察内容，要么多看一些而拖长时间。后经多方征求意见与协商，不得已计划将会议分为前后两段，前段考察大理、丽江，中途回昆，后段考察西双版纳，学术报告分散在各地穿插进行，与会者时间若不允许可选择一段。

经过近半年的认真筹备，会议于 1990 年 12 月如期在云南召开，这个时候云南的气候如同北方的秋天，不冷不热，阳光灿烂，适宜考察。代表们于 15 日到昆明报道，参加会议者总计 67 人，其中云南以外的代表 48 人（包括港澳代表 6 人）。参加会议者，半数以上（38 人）为高级职称，其中有中国建筑师学会副会长北京中京建筑事务所总建筑师严星华、中国传统建筑园林研究会副会长曾永年、北京市规划局总建筑师李准以及各院校教授陆元鼎、楼庆西、王其明、郭湖生、钟训正、余卓群、赵立瀛、杨慎初、黄善言等。

为了帮助回顾这次会议，现将会议的实际进程记录抄录于下表 30-1。

回顾这次学术会议，有以下几点显著的特色：

（1）会议时间最长。会议从 12 月 15 日报到至 30 日散会，前后共 16 天（会议 14 天）。尽管会期长，但所有与会者因考察内容的新鲜而不觉其长，除极个别因事外皆参加了全部会议。

（2）会议活动路线长，且交通条件艰苦。会议在云南中部昆明开幕，第二天即去西线大理、丽江考察，第八天回昆，次日又去南线版纳考察，并在景洪闭幕，全部历程（包括

---

① 这是为纪念民居会成立 20 周年收集历届会议、特别是早期会议资料所写的一篇回忆文章，写于 2008 年 7 月，被编入《中国民居建筑年鉴（1988—2008）》（中国建筑工业出版社，2008 年 11 月）。虽是工作的回顾，但既与民居学术有关，也就此选入本文集，以资纪念。

中国民居第二次学术会议进程表　　　　　　　表 30-1

日期	星期	上午	午餐	下午	晚餐	晚上	住宿
12月15日	六	会议报到		会议报到		主席团会议	云工专家楼
12月16日	日	中国民居第二次学术会议开幕式，报告会		报告会	宴会	看资料录像	云工专家楼
12月17日	一	清晨乘车离昆，中午抵楚雄	楚雄宴请	14:00 离楚雄，19:00 抵大理		休息	大理洱海宾馆
12月18日	二	乘船游洱海，中午抵周城	大理宴请	参观蝴蝶泉、周城民居、喜州民居、三塔		"三道茶"歌舞晚会	大理洱海宾馆
12月19日	三	大理报告会		13:00 乘车离大理，19:00 抵丽江		休息，舞会	丽江招待所
12月20日	四	参观丽江古城及其民居		参观黑龙潭	丽江宴请	丽江报告会，部分学者参加县座谈会	丽江招待所
12月21日	五	清晨乘车离丽江，中午抵大理		乘车离大理		20:00 抵楚雄休息	楚雄宾馆
12月22日	六	清晨乘车离楚雄，中午抵昆明		昆明参观一颗印民居，建筑学系举办严星华总建筑师报告会		休息	云工专家楼
12月23日	日	清晨乘车离昆，中午抵峨山	玉溪宴请	乘车离峨山		20:00 抵墨江，休息	墨江宾馆
12月24日	一	清晨乘车离墨江，中午抵普洱		乘车离普洱		20:00 抵景洪，休息	景洪宾馆
12月25日	二	参观勐海景真八角亭		参观傣族民居、曼听公园	版纳宴请	风情园歌舞晚会	景洪宾馆
12月26日	三	参观大勐龙笋塔		参观傣族民居		景洪报告会，部分学者参加州建设局座谈会	景洪宾馆
12月27日	四	参观橄榄坝、曼苏满佛寺、曼听傣族民居		返回景洪，16:00 会议闭幕式		文艺演出晚会	景洪宾馆
12月28日	五	清晨乘车离景洪，中午抵思茅	思茅宴请	乘车离思茅		抵墨江，休息	墨江宾馆
12月29日	六	清晨乘车离墨江，中午抵峨山		乘车离峨山、18:00 抵昆明	过桥米线	休息	云工专家楼
12月30日	日	散会离昆					

版纳州内三地）计约 3000km；当时的交通工具只是大客车，公路也不太完善（包括崎岖的山路）。尽管行程艰苦，可所有人都很兴奋，途中没有任何人出现身体不适。

（3）会议学术内容非常丰富。14 天的会议中在各地安排了 5 场学术报告会，2 次座谈会，考察了白族、纳西族、彝族、傣族、哈尼族等族即云南主要类型的传统民居（当时保留得都很完整），同时参观了大理、丽江、版纳的主要文化景点。

（4）会议方式灵活，形成了新的民居会议模式。因会议涉及多个地方，故将学术报告分散安排在各地进行，穿插于考察活动之间（有时在晚上开报告会），既节省了时间，又对地方有利。自本届会议起，这一"民居考察与学术交流并重"的会议模式得以确立，并为以后各届所采纳，大受欢迎。

（5）云南各地的接待热情而真诚。不仅大理、丽江、版纳地州的建设局为会议提供了当时当地最好的食宿、开会、考察条件，就连途中路过并短暂停留的楚雄、玉溪（途径其属地峨山）、思茅都热情接待。会议所涉足的六个州都曾设宴款待，表达了他们对全国各地专家到来发自内心的真诚欢迎，反映了云南人热情好客的本性。于是，会中经常流行一句笑言"朱良文又要叫大家鼓掌了"（指宴会后请大家鼓掌表示对主人的感谢）。

（6）与会者热情很高，笑料颇多。会议期间除考察、学术会外，会余活动也非常活跃，大理的"三道茶"歌舞晚会，景洪的风情园歌舞晚会、文艺演出晚会，洱海游船上的活动，以及在丽江严星华总建筑师邀请的舞会等都给大家留下了美好的记忆。由于会议内外内容的丰富多彩，尽管会期长，路途艰辛，然而与会者的热情极高，兴趣甚浓，精神饱满，笑料也颇多，如李长杰总是因拍照的执著而最后上车，江道元的多次掉队又赶上而有惊无险，王文卿在"三道茶"晚会上的精彩舞蹈表演，许多人因受业祖润宣传而抢购化妆品"雅倩"，使得"雅倩"被民选为本次会议的"吉祥物"等等。

愉悦的回忆，无法一一细说。第二届民居学术会议已过去了 18 年，但不论会上的学术交流、会中的学术考察、会内的活动、会后的笑料，都有许多值得回味之处，更忘不掉民居学术界老朋友之间的真诚友谊！

改革开放以来云南民居的保护、利用与发展[①]

一、 云南民居的价值保护

（一）云南民居的保护概况

总体来说，直至20世纪七八十年代，云南由于地处偏远，交通不便，经济发展相对滞后等原因，传统民居的保护现状相对于全国来说是比较好的，表现为类型丰富，规模较完整，原有风貌保存较好。不仅在边远的山区散布的许多少数民族（如佤族、瑶族、景颇族、傈僳族、德昂族等）村寨还比较完整，在一些地域的中心城镇（如景洪、大理、丽江的傣族、白族、纳西族）传统民居也有成片的、完好的风貌保存（图31-1），即使在省会昆明市城中也有许多街区（如大观街、长春路、武成路、绿水河周边等地）还完好地保留

图31-1　20世纪80年代拍摄的西双版纳傣族村寨

① 这原是一份研究报告，是为了新编中国民居建筑丛书《云南民居》，突出反映云南民居在近几十年的保护与发展状况而专门作的研究报告，2010年2月完成，后被编入《云南民居》（杨大禹、朱良文编著，中国建筑工业出版社，2010年5月），成为该书的"第七章 云南民居价值保护的永续性"。原报告分四节，其"第一节 云南民居的价值探讨"因与本文集前面的文章有所重复，故删去。现将后三节内容重以论文形式录入本文集。原文稿插图较多，现删减了一部分。

图 31-2   1981 年拍摄的丽江古城

着许多传统民居。丽江古城是当时全国少有的保存非常完整的聚集了上千户纳西族民居的一个难得的典型实例，而且其地方特色特别鲜明，传统风貌极为精彩（图 31-2）。

20 世纪 80 年代初改革开放后，云南经济与全国一样取得了较快的发展，各地城乡建设步伐加快，因而各地的传统民居受到较大的冲击。一些城市及城镇中的传统民居随着新的建设而被大量拆毁；许多民族村寨中由于人口的增多、生活的发展等因素，也开始出现了一些对原传统风貌有所破坏的异类建筑。

20 世纪 80 年代云南的旅游开始起步，到 90 年代，云南西双版纳、大理、丽江等地的旅游业先后取得了很大的发展，而这几个地区都是傣族、白族、纳西族等少数民族聚居的地域，其传统民居及其聚落形成的富有特色的传统风貌在旅游中成为吸引游客的一项重要资源，这使得人们开始认识到传统民居的价值。然而，旅游是一把双刃剑，它既促进了民族村寨的保护，也在旅游中对民族村寨的传统风貌造成一定的损毁以至破坏，西双版纳景洪曼景兰即是典型一例。曼景兰傣味餐厅一条街在 20 世纪 80 年代中后期因民族特色而盛极一时，旅游红火，享誉全国；然而随着外地人的不断进驻经营，餐饮特色逐渐丧失，直至 90 年代初走向没落，销声匿迹，曼景兰村也变得杂乱不堪，风貌尽毁。这种事例也迫使人们认识到即使为了旅游的可持续发展也必须对传统民居及其聚落传统风貌进行必要的保护。于是在云南到 20 世纪 90 年代末开始有了一些民族村寨的保护规划，但多半还是结合旅游规划完成的，如元阳县箐口哈尼族生态文化村旅游规划即为一例。

可以说，直到 20 世纪末，云南与全国一样，对传统民居的保护基本上是一个被动的认识过程，从毫无保护意识，到无意识地保护，逐渐走向有意识地保护。

（二）对云南民居的有意识保护及存在问题

1997 年丽江古城申报世界文化遗产成功，使人们对古城及其传统民居价值的认识有了极大的提高，这也推动了其他地方对传统民居及其聚落、街区、城镇的保护，从领导到群众的保护意识普遍增强。进入 21 世纪后，云南旅游的大发展更使人们进一步认识到以传统民居及其聚落为重要元素之一的云南建筑文化是旅游的重要资源，是一份宝贵的遗产，应该认真保护。这时期省人民代表大会及丽江等地方人大颁布了一些涉及古城、民族村落、传统民居及非物质文化遗产等传统保护的条例、实施细则与办法，使保护工作进入到法制轨道。2002 年云南省建设厅主持了云南城镇特色的课题研究，其后又提出了特色小镇的建设计划，这些研究与计划中的基础及核心都是各地的传统民居，这说明云南省政府及其建设领导机构已经把对云南传统民居的保护与传承正式纳入其工作范畴。

　　然而这一时期虽然保护意识增强，保护开始立法，保护纳入政府工作，但是在保护中仍然存在着不少新的问题，主要表现在保护维修、重建过程中产生的新的破坏，或称之为"保护中的破坏"。它大量出自于对传统遗产保护中的一些非理性行为："古迹修复越多越好，年代标榜越久越好，修复规模越大越好，形制与规格越高越好，整体布局越完整越好，总体气势越恢弘越好，外部风貌越靓丽越好，内部装修越华丽越好"①……这是一种更深层次的破坏。分析原因主要在于：一是只重外表形式，不谙传统真谛，因此时有"拆真建假"、追求靓丽之举；二是抹杀地域特质，混淆地域传统差异，因此常出现"张冠李戴"；三是审美意识上的误区，在真传统与假古董，真实的"残缺"与虚假的"完整"及传统的古朴、原真与任意的"美化"、翻新等方面产生审美观念的颠倒。总之，还是在于对传统价值认识上的偏差，只了解传统的表面价值，不认识传统的价值内涵。

　　由此可见，随着人们对传统保护意识的增强，主要的问题已经由"要不要保护"进入到"保护什么""如何保护"以及"用什么方法保护"等更深层次的问题。

（三）丽江关于传统民居保护方法的探索

　　直到20世纪80年代初还难得完整保留下来的丽江古城，面对改革开放后的经济发展，在保护方面同样也遇到种种的问题。

　　20世纪70年代末，古城核心四方街的外围之东大街已经开始有几幢5层的钢筋混凝土新住宅楼等不协调建筑出现；1986年，当地还曾想将这种多层建筑组成的宽马路继续穿通四方街，并已下文成立了"建设指挥部"，笔者以"紧急呼吁"上书省政府，并得到当时的和志强省长的批示而阻止了这场对古城心脏地段的破坏。

　　1996年2月3日发生的7级大地震，造成了古城内民居房屋很大的损坏，但土木结构的传统民居"墙倒屋不塌"，损坏的多半是外围的土坯墙，木构架依然基本完好。在灾后的修复、重建中由于当时县委及政府领导对古城价值认识较统一（正在申报世界文化遗产），坚持恢复传统，"修旧如旧"，并且主动拆毁了古城周边一些多层钢筋混凝土楼等破坏性建筑，使得古城在地震后不久就恢复了昔日的传统风貌。然而，古城地震后的修复、重建量大、面广，有个较长的过程，需要大量外地施工队伍进入帮助建设。外地施工人员不完全了解当地建筑的传统特点，因而难免暴露出一些维修后风貌异化的问题，这对于已经成功申报为世界文化遗产的丽江古城来说当然地受到了领导及各界人士的关注。问题在于用什么办法让领导、群众、施工者真正掌握丽江古城及其传统民居的内在特质与形式特色，正确地辨别民居平面、构架、造型、立面、装修各个方面、各个细节的正误，具体掌握保护的知识与本领，提高其参与保护的能力，即如何以有效的方法达到对传统民居及古城有效保护的目的。

　　经过一段时间的调查与研究，由世界文化遗产丽江古城保护管理局与昆明本土建筑设计研究所合作于2006年、2007年先后研究编制了《丽江古城传统民居保护维修手册》②及《丽江古城环境风貌保护整治手册》③，并由政府批文，正式出版后发至古城内各住户

---

① 详见《传统保护中审美意识的误区辨析——在制定〈丽江古城传统民居保护维修手册〉中的再思考》一文。
② 朱良文、肖晶：《丽江古城传统民居保护维修手册》，昆明，云南科技出版社，2006。
③ 朱良文、王贺：《丽江古城环境风貌保护整治手册》，昆明，云南科技出版社，2009。

及各施工队参照执行，同时也作为管理者相关审批的依据。两本手册编制的指导思想是：内容深入细致，方法浅出易懂；强调现实性、通俗性、实用性；具有可操作性与指导性。为此，编制采取将所有需要保护的内容分解到各个细节，每个细节以正误图片对比加简要文字说明的方式。因此，该手册人人可读，一看就懂，把保护的技术知识以浅显易懂的方式直接交给群众。

这是丽江关于传统民居及古城保护方法上的一种探索，实践证明这种方法是有效的。当地老百姓反映："早点把这些告诉我们就好了"，说明他们对这种方法的认可；现在云南及省外的一些有保护需要的地方也开始参照这种方法并结合自己的情况制定相应的保护手册，说明他们对这种办法的肯定。各地需要保护的问题不尽相同，但保护方法有一定的共同性。

二、 云南民居的传承利用

（一）对云南民居文化价值传承利用的再分析

在 20 世纪 80 年代再次掀起的全国传统民居研究热中，云南民居以其类型丰富、保存完整而受到国内外研究者的青睐，本地学者更利用其地域优势对云南民居进行较为深化的研究，云南民居的价值已被省内外、国内外业内的研究者所公认。然而对于云南传统民居的价值能否传承、利用以及如何传承、利用似乎研究并不多，认识也不尽一致。

本文前面已对传统民居的继承（传承）与应用（利用）问题作了一般的论述。针对云南民居而言，历史价值的利用自不待言，建筑创作价值的传承（建筑创作思想）与利用（建筑创作手法）在下一节"云南民居的发展更新"中会涉及，本节着重阐述云南民居文化价值的传承与利用问题。

自从 1996 年云南省提出"建设民族文化大省"的战略后，云南的建筑文化也逐渐受到学术界，甚至政府层面的重视。云南民居在云南建筑文化中占有极其重要的位置，自然其文化价值的传承与利用问题也无形中被提上了日程。前已阐述，传统民居文化价值的传承与利用具有一定的复杂性，有的可以直接利用，有的需要改造利用，有的可以摒弃，而最重要的是再创造的应用。对云南民居来说，在文化层面上它涉及地域文化、民族文化、宗教文化、民俗文化、装饰文化等等，在物质层面上它与云南的旅游开发及城市建设密不可分，因此，其文化价值的传承与利用无论是直接利用、改造还是摒弃、再创造，自然地也主要体现在旅游与城市这两个方面。

（二）旅游开发中云南民居文化价值的传承与利用

1. 旅游开发中对民族村寨与传统民居的直接利用

在云南的旅游开发中，民族村寨及其传统民居是一项重要的旅游资源，它甚至成为旅游中的一个亮点。例如，西双版纳橄榄坝曼听傣寨（图 31-3）、大理喜州白族村镇（图 31-4）、建水团山彝族村等等皆直接利用其富有特色的传统民居及风貌完好的民族村寨而成为著名的旅游景点。旅游的开发使这些村寨的经济得到发展，老百姓从中获得直接或间接的经济收益，传统民居与村寨环境得到维修、整治与保护，其民族服饰、歌舞、餐饮、

图 31-3　西双版纳橄
榄坝曼听傣寨

图 31-4　大理
喜州白族村镇

节庆与祭祀等民俗活动也得到展示与延续，有效地促进了其民族文化（包括物质与非物质遗产）的传承。然而，为了防止旅游带来的负面影响，使旅游可持续发展，必须把保护放在首位，其关键在于要让当地百姓从旅游中得到经济实效，这样才能调动群众主动参与保护及投入旅游活动的积极性；同时，最有效的还是认真制定旅游规划或保护规划（或两者合并规划），并严格按规划进行管理，制定新的村规民约。

从 2000 年起，云南的一些地方为了发展民族村寨的旅游而开始进行村寨的旅游规划，如鹤庆新华白族村旅游规划、元阳县箐口哈尼族村寨旅游规划等等。箐口哈尼族村寨旅游规划（昆明本土建筑设计研究所 2001 年 6 月完成）实施后村寨环境得到改善，传统民居"蘑菇房"得到保护并不断恢复，年游客量已达到十多万人次，村民每户每年都能分得数百元，收到较好的效果。

2. 旅游新景区建设中对云南民居文化价值的利用

云南大力发展旅游，必然不断地完善、提升老景区，也不断地建设新景区，在这些新老景区建设中，云南传统民居中的一些文化元素经常作为重要的创作素材而被应用，如石林、云南民族村、昆明世界园艺博览园等大型景区，一些地方的景区，甚至云南帮助外地设计建造的景区。在这些景区的规划与设计中，多半利用云南民居的内涵、平立面形式、造型与装饰等，或应用于整体布局、庭园组织，或应用于主体建筑、服务设施及小品建筑创作，或应用于细部装修及饰品设计，一般都能取得一定的效果，因为它具有云南地域或民族特色，对游客而言有一定的新鲜感。

上述的应用通常有两种情况，一种是直接搬用云南的传统民居（当然也要根据用地情况与新的功能进行规划与建筑设计），最典型的如云南民族村、北京中华园云南景区（二期）（图31-5）以及许多地方主体民族园等；另一种是运用传统民居的文化元素创作新的景区及其景点建筑，如原联邦德国毕梯海姆竹桥（昆明市建筑设计研究院设计）、云南阿庐古洞洞外景区（图31-6），此即前述对传统民居文化价值再创造的应用。

（三）城市建设中云南民居文化价值的传承与利用

传统民居是传统聚落的首要组成元素，同样也是传统城镇组成的基本元素，只不过城镇中的民居功能更加复杂化，类型更加多样化，文化更具多元化。传统民居在很大程度上反映着当时的城镇特色。

现代城市无论从性质、功能、规模皆与传统城镇不大相同，不可能照搬传统城镇的风貌。

图31-5　北京中华民族园云南景区（二期）（云南省设计院设计）

顾奇伟手绘大门区草图

顾奇伟手绘草图阶段的爬山廊与洞口碑亭

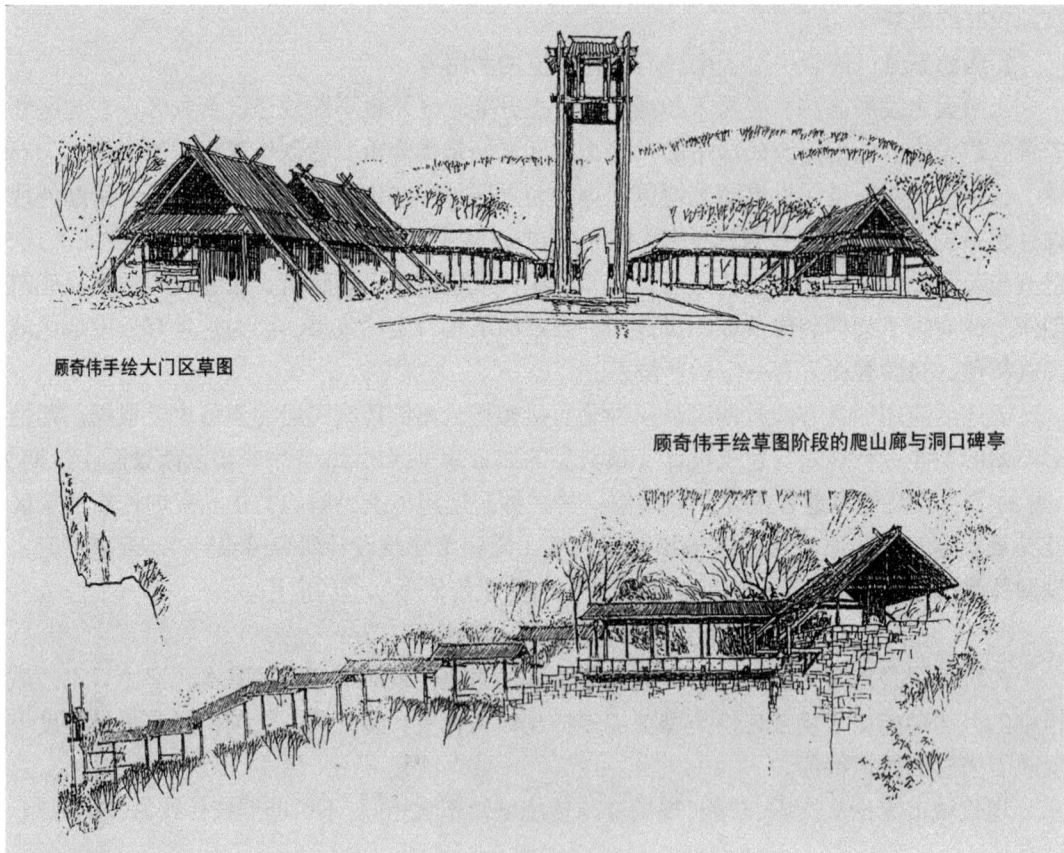

图 31-6 云南阿庐古洞洞外景区的创作草图及建成实例（云南省城乡规划设计研究院设计）

然而在营造现代城市特色时仍然可以借鉴传统，因为影响传统城镇特色的地域、民族等各种因素至今依然存在，有的城市还保留着许多历史遗存（多数已成为历史文物）。这些影响传统城镇特色的因素必然在传统建筑文化，特别是传统民居中有所反映，虽然现代城市不可能再建大量传统民居，但可永续利用其历史价值、文化价值、建筑创作价值，从中找寻现代城市特色研究的着眼点。现代城市的环境风貌可以从传统城镇的选址、布局、肌理、

图 31-7　景洪现代城市风貌

图 31-8　从传统民居调查着手来找寻城市特色的方向

景观环境处理中吸取营养，现代城市的建筑风貌也可以从传统民居的建筑创作价值中获得灵感。

　　云南现代城市建设过去几十年与全国一样也走过雷同化及"千篇一律"的弯路，只是在某些少数民族聚居、传统民居建筑特色鲜明的地方，如景洪（图 31-7）、大理、丽江、香格里拉等城市因经济发展相对滞后，又因旅游促进还多少保留一点自己的民族及地域特色，尽管其新的建设也不尽如人意。

　　进入 21 世纪，云南省因"建设民族文化大省"及旅游发展的需要，对城市特色问题予以重视，组织了云南城镇特色的课题研究，明确提出了全省拟建 60 个特色小镇的计划（表 31-1），同时在楚雄、玉溪等城市探索开展了城市特色的研究与规划，并计划将城市特色规划作为一项专项规划予以推广。在所有这些有关城市特色的研究、计划、规划中都把文化作为城市特色的灵魂，都把各地富有特色的传统民居作为其研究基础及核心素材，这更促进了云南民居文化价值的传承与利用。

　　现以"楚雄彝族城市特色研究"（由楚雄市规划局与昆明本土建筑设计研究所合作）为例，该项研究首先从该地域的传统建筑文化——彝族传统民居（土掌房、垛木房及

云南省拟建的 60 个特色小镇　　　　表 31-1

一、保护提升型（共 11 个）	晋宁县晋城镇：古滇文化	勐海县打洛镇：边境口岸
丽江古城大研镇：民族文化、历史文化遗产	耿马县孟定镇：口岸及自然风光	禄劝县转龙镇：自然风光
	勐腊县易武乡：历史及茶文化	嵩明县杨林镇：人文景观
大理市大理镇：民族文化、历史遗存	保山市隆阳区板桥镇：历史文化	施甸县姚关镇：历史遗存
建水县临安镇：历史文化遗存	鹤庆县草海镇新华村：人文景观	兰坪县通甸镇：人文景观
巍山县南诏镇：历史文化、道教文化	云龙县果郎乡诺邓村：人文景观	澄江县龙街镇：自然景观
孟连县娜允镇：历史文化	禄丰县腰站乡炼象关：历史文化	玉龙县大具乡：自然风光
会泽县钟屏镇：会馆文化遗存	会泽县娜姑镇白雾街村：历史文化	维西县塔城乡：民族文化、自然景观
腾冲县腾越镇：近代历史遗存	建水县西庄团山村：人文景观	墨江县碧溪乡：古茶文化
通海县秀山镇：历史文化	石屏县宝秀镇郑营村：历史文化	沧源县勐来乡：历史遗存
安宁市温泉镇：自然风光	泸西县永宁乡城子村：人文景观	会泽县雨碌乡：自然风光、地质地貌
丘北县双龙镇普者黑村：人文景观	景洪市勐罕镇橄榄坝：民族风情	宁蒗县永宁乡：民族文化
香格里拉县建塘镇独克宗古城：历史文化	昆明市官渡区官渡古镇：历史文化遗存	镇源县九甲乡：古茶文化
	昆明市盘龙区野鸭湖假日小镇：自然风光	彝良县小草坝乡：自然风光
二、开发建设型（共 22 个）		贡山县丙中洛乡：自然风光
丽江束河古镇：历史文化	三、规划准备型（共 27 个）	师宗县五龙壮乡：民族文化、自然风光
禄丰县黑井镇：历史文化	凤庆县鲁史镇：历史文化	
大理市喜州镇：人文景观	盐津县豆沙镇：历史文化	罗平县鲁布革布依族乡：水电工业、自然风光
剑川县沙溪镇：历史文化	广南县八宝镇：人文景观	
腾冲县和顺镇：历史文化	水富县楼坝镇：人文景观	元阳县新街镇箐口村：人文景观
腾冲县马站乡：自然风光	陇川县章凤镇：边境口岸	瑞丽县姐相乡大等喊村：口岸及人文景观
姚安县光禄镇：历史文化	新平县嘎洒镇：民族文化	
大姚县石羊镇：历史文化	勐腊县勐仑镇：热带植物	香格里拉县霞给藏族村：民族文化、自然景观

合院民居）的调查研究着手来找寻城市特色的源泉与方向（图 31-8），提出了"创建突出彝族民族文化，充分展现地域文化，兼容现代多元文化的具有鲜明特色的现代彝族名都"的特色定位，制定了以"12343"特色工程①为结构的楚雄彝族城市特色展现规划，从城市环境风貌与建筑创作两个方面进行特色的探索，并制定了相关的规划方案与创作导则。整个研究渗透着对地方传统民居价值特别是其文化价值的探讨、挖掘、展现及传承、利用。

---

① 1 条景观休闲带，2 个特色风貌片，3 个文化展示区，4 个特色城市广场，3 个特色入口节点。

三、 云南民居的发展更新

（一）云南传统民居在发展中面临的矛盾

随着经济与现代生活的发展，各地民居也在不断地发展，这是绝对的；问题在于：沿着什么方向去发展？传统能否延续？传统如何延续？

云南各地的传统民居虽然类型丰富、特色鲜明、风格各异，但普遍存在着以下一些问题：

（1）多数保留较原始状态的传统民居，其生活状况较差，大部分处于贫困生活线以下，内部设施简陋，没有洗浴卫生设备，卫生条件很差，甚至少数地方至今还有人畜共处的情况；

（2）大部分少数民族的传统民居使用火塘，没有专门的厨房，燃料多用木柴，室内烟熏严重；

（3）房屋较封闭，对外开窗少，通风采光差，有的非常昏暗；

（4）有些少数民族的民居内部空间多辈共处，缺乏必要的分隔，房间分室程度差；

（5）大多数传统民居为土木结构，架构用木材，外墙体用夯土或土坯砖，多为自家或村民互助施工建造，材料及施工方法今后难以为继；

（6）村寨内随着人口的增加，民居的增建发展缺乏规划，多处于无序的状态，造成布局零乱，甚至道路不畅；

……

随着经济的发展，生活水平的提高，各地老百姓普遍不满足传统民居内的生活状况，新的民居不断自发地涌现。可是这些"新民居"普遍存在着一些共同的矛盾：新生活、新设施（浴、卫、厨、太阳能等）的增设，带来传统民居风貌的变异，反差较大；新材料（砖、钢筋、水泥）、新结构（砖混、钢筋混凝土结构等）带来传统民居造型的改变，若仿造传统民居风貌则存在着材料、结构的虚假；新材料与新的施工方法（需要以专业施工队为主）带来房屋造价的增加，经济承受能力成为左右新民居造型、风貌的主要因素。正是对这些矛盾缺乏研究与解决办法，由此产生早期出现的一些"新民居"普遍与传统风貌及特色的差距较大，有些甚至具有很大的破坏性。

（二）云南民居发展更新的研究概况

针对上述矛盾，20世纪八九十年代云南有些地区的建设主管部门曾组织当地的设计单位编制过一些农村新民居方案向村民推荐，以期能有一些引导作用。然而因为这些方案大多数是按常规的城市中的设计方法"设计"出来，对各地农村的具体情况缺乏调查与深入研究，更没有当地百姓的参与，因而在现实中多数作用不大。

1997年初，当时的云南工业大学（现昆明理工大学）建筑学系与西双版纳傣族自治州建设局合作建立了"傣族传统民居向现代小康住宅过渡的实验研究"课题，并先后得到省应用基础研究基金和国家自然科学基金的资助，开始了具体的傣族新民居的试验研究[①]。

---

① 详见《走实验之路，探竹楼更新——版纳傣族新民居实验研究札记》一文。

图 31-9　2006 年云南省农村住宅建筑方案设计竞赛一等奖作品（香格里拉新农村闪片房）

这项研究从开始探讨方案、结构选择、结构试验、征求试验建设户到 1999 年第一幢试验楼建成用了两年的时间；其后有了二、三、四号试验楼的不断改进，逐渐达到预期目标，到 2004 年底有了近 20 幢；2005 年景洪曼景法新村建设中全村 39 户有 31 户选择了这种结构的新民居，标志着这种新民居开始推广。从开始研究到获得认可并进行推广，这项研究持续了 8 年，从中使人们认识到传统民居的发展更新不是一件简单的事，它不同于一般理论的研究，它面对实际，面对老百姓具体的功能需要、审美需求及有限的经济承受能力，因此自始至终需要老百姓的参与及认同。

2006 年中央一号文件《关于推进社会主义新农村建设的若干意见》使得全国新农村建设进入到一个新的发展时期，云南与全国一样，农村新民居建设日益兴盛。2006 年，云南省建设厅与财政厅联合下发了《关于加强农村民居通用图设计与推广工作的通知》；省建设厅下发了《关于在部分州市县开展省级村庄建设试点工作的通知》，还组织了云南省农村住宅建筑方案设计竞赛（图 31-9），这样进一步推动了云南各地民族村寨的规划建设与传统民居发展更新的研究。其后，许多地方都有着不同的探索成果，如：丽江地区的《传统特色小城镇住宅》标准图集，元阳箐口哈尼族新民居标准图集，潞西户允傣族村与芒良景颇族村两个示范村的规划与新民居户型设计，独龙、基诺、普米、阿昌、傈僳、德昂、景颇等七个特少数民族的新民居设计竞赛，昆明市农村新民居设计竞赛，泸西彝族新村规

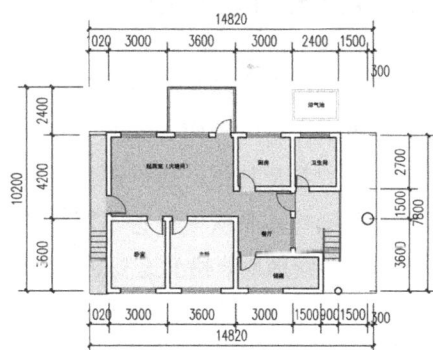

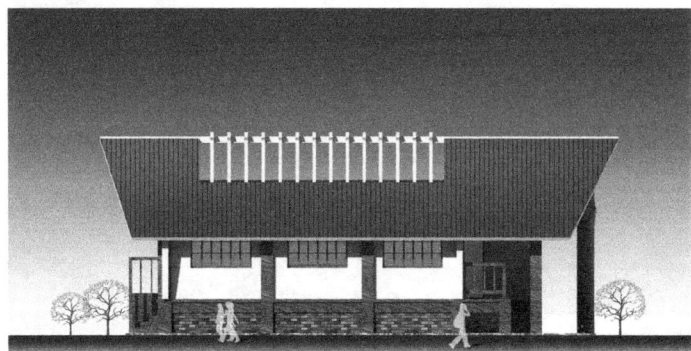

图 31-10　潞西芒良村景颇族新民居方案设计

划与新民居设计等等（图 31-10）。这一轮的村寨规划与新民居设计虽然目前大多数还在图纸阶段，有待实践检验，然而与上一轮 20 世纪八九十年代有些地区的设计不同，比较重视对当前农村现状、发展的调查及实践中正反经验的总结，比较重视老百姓的意愿，因而相信会大大促进新民居的发展与更新。实际上各地已不断出现了一些新民居探索实践与新农村建设实践。

（三）西双版纳傣族新民居探索实践

1. 傣族传统民居的不断发展、自发更新及其存在问题

傣族传统民居一直在不断发展之中，从原始的竹柱、竹屋架、竹梯、竹楼板、竹笆墙、茅草顶的真正的竹楼（称第一代竹楼）发展到了 20 世纪七八十年代大量存在并延续至今的木柱、木屋架、木梯、木楼板、木板墙、缅瓦顶的"竹楼"（称第二代竹楼）。这种木结构的"竹楼"虽延续了传统，但存在木材消耗多（平均每幢"竹楼"需木材 $60m^3$），抗震能力弱（节点刚度弱，抗侧移能力不足），居住质量亟待改善（无厨房及卫生设备，私密性差，室内昏暗）等问题。于是老百姓不断自发地进行结构更新，出现过砖柱支撑结构（抗震能力更差）、砖混结构（砖墙落地失去了传统干阑建筑特征）、现浇钢筋混凝土结构（施工质量因缺少专业技术人员而难于保证，且造价高）等等，有的更直接建盖外地常见的砖混宿舍式平顶楼房（对傣族村寨风貌破坏极大）。种种难题呼唤对傣族传统民居的发展更新进行实践探索研究。

2. 傣族新民居探索研究的目标与方法

前已述及 1997 年昆明理工大学与版纳州建设局合作建立了傣族新民居试验研究的课题，该课题的研究目标是：通过研究试验，确定一种适合傣族地区村寨推广建造的功能改善，材料更新，施工方便，适应当时当地农民普遍的经济能力而又保持传统特色的新型小康住宅体系方案及其相应的村镇住宅科技产业发展规划。

理想的结构体系应该具备不用或少用木材，不用砖墙承重，能保持底层架空与"歇山式"屋顶的传统风貌，利于提高居住质量的空间组合，抗震能力强，防火，防腐，耐久性好，不过多依赖专用施工设备，施工期短，技术含量较高，造价相对较低等条件。经过比较研究，最后选择了整体预应力装配式板柱结构体系（简称 IMS 体系）。IMS 体系属于引进技术，

图 31-11 昆明理工大学云南省抗震研究中心进行了结构模型的抗震试验

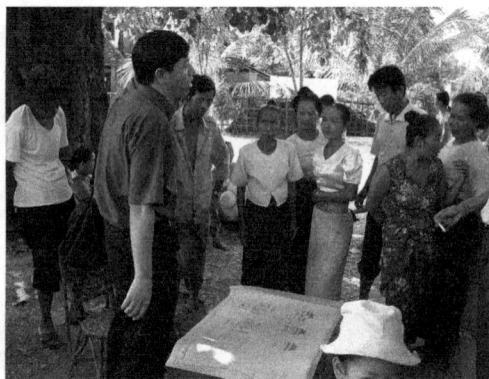

图 31-12 带着方案听取村民意见并宣传采用新技术的好处

但结合傣族村镇建设的经济技术条件进行了改进和二次开发，在理论分析及模型试验（图31-11）的支持下，开展了一系列的试验建造实践活动，而且在全过程中重视社区群众的参与（图31-12）。

3. 一号试验楼——勐海县勐海乡曼真村岩罕应宅

（1）设计要点

建筑面积 203.4m²，平面设计保留了传统民居架空底层、前廊、展台等特色部分；增加窗户，改善采光与通风；卧室分间，厨房独立。在楼下架空层增设卫生间，局部利用作储藏室。造型及色调上坚持底层架空及歇山式屋顶这两个最具特色的传统造型特征，但色调满足老百姓新的心理，采用红瓦白墙。结构上基础用现浇钢筋混凝土杯形独立基础，主体承重结构为 IMS 体系，屋顶为轻钢屋架，屋面为黏土彩瓦，围护墙体用 120 实心黏土砖。

（2）建设情况

因 IMS 体系在云南首次应用，也是该试验项目的关键技术，故由专业建筑公司施工。户主出资 7.8 万元，州建设局补助 2 万元（实际补助 5.03 万元），总造价为 13.71 万元。1999 年 1 月 15 日举行开工仪式，4 月 18 日竣工并举行上新房庆典（图31-13）。

（3）试验结果反映

第一幢傣族新民居的建成，表明结构体系的更新是成功的，技术路线正确，达到了预期目标。领导与媒体同赞"傣家人搬进了第三代傣式竹楼"，老百姓反映"房子好看、好住"，"愿意盖这样的房子"。然而鉴于系首次实践，建筑方案与结构尺寸受到局限，造价偏高，不利于推广。

图 31-13 新房庆典

图 31-14　二号试验楼建成实景

4.二号试验楼——景洪市郊曼斗村李扎迫宅

2000 年 1 月动工、4 月建成的二号试验楼（图 31-14），建筑面积 214.3m²，在优化平面布置，减轻屋面自重，简化屋面结构，预应力施工技术本地化，施工简便，提高效率，造型及细部构造更接近传统等方面作了改进，达到了降低造价的效果，总造价为 10.57 万元。

与二号楼同期建设的还有三、四号试验楼，经不断改进其总造价分别降至 8.66 万元与 8.34 万元（一至四号试验楼的单方造价分别为 690 元 /m²、490 元 /m²、340 元 /m²、370 元 /m²），最后达到了可以推广的要求。

5.推广应用——景洪市郊曼景法傣族新村

直至 2004 年底，已经共有 20 幢这种体系的傣族新民居建成，但都分散在各地，大规模集中修建时的经济技术优势一直未得到充分发挥和验证。直到 2005 年底，曼景法傣族新村 39 户中有 31 户自主选择了改进后的小构件 IMS 体系的新民居（图 31-15、图 31-16），与其他 8 幢砖混结构的新建民居比较，无论钢、水泥、红砖用量及造价比较，都有着明显的优势。至此，这项傣族新民居的探索可以说取得了初步的成功；然而新民居探索的路还非常漫长。

（四）新农村建设实践

1.景洪曼景法傣族新村规划与建设

曼景法村位于景洪市南部，距市中心 7km，由于修建公路占用该村土地，使该村得到一笔补偿金，故拟拆除业已破败的傣族竹楼，在原地重修一个面向旅游发展，以新民居组

图 31-15　曼景法傣族新民居外貌

图 31-16　曼景法傣族新民居室内

成的傣族新村，并作了全面的规划（图31-17），规划用地100亩（6.66hm²），共居住39户，186人。新村从2005年初开始建设，至2006年整个新村基本建成（图31-18、图31-19）。

该村的规划与建设有着以下一些特点：

（1）新村周边保留着田园大环境，同时规划通过调查周边水源，构筑了东、北、西三面河道景观，使村寨外围濒水，既营造了景观，又更符合传统傣寨融于自然的特色（图31-20）。

（2）新村的民居建筑延续着传统竹楼独门独户、外围庭园的布局方式及底层架空、歇山式屋顶的造型特征，但极大部分改为IMS体系的新民居（见前述），又有了一种全新的风貌。

（3）规划布局中保留了傣族传统村寨中反映原始宗教遗存的寨门、寨心，反映南传上座部佛教的佛寺以及水井、凉亭等传统元素（图31-21~图31-23），又增加了中心广场、停车场、篮球场等新元素。

图31-17　曼景法傣族新村规划总平面
（昆明理工大学设计研究院规划设计）

图31-18　曼景法傣族新村风貌

图 31-19 曼景法傣族新村中心广场

图 31-20 新村滨水景观

图 31-21　新村寨门

图 31-22　紧靠菩提树的寨心

图 31-23　新村中新建的凉亭

（4）以一条中心主干道与周边环路形成村寨完善的道路系统，车辆可通达中心广场、佛寺及各幢新民居，符合消防要求。

（5）保留了村寨西南角原有的龙林区及村寨周边的原有大树，并以传统的具有宗教文化内涵及地域特色的乡土树种、花卉、果木来绿化全村，营造传统景观环境风貌。

（6）新村中有着完善的水、电、通信等基础设施。

（7）新村根据旅游需要考虑了民居餐饮、民居住宿、民居工艺品商店的布局，增加了停车场、休闲亭廊等设施。

全新村总建筑面积 11726m²，建筑密度 10.7%，容积率 0.17，绿地率 64%，大大改善了村寨环境风貌，提高了居住生活质量；并且继承了傣族村寨的传统，体现了民族与地域特色，也展现了西双版纳社会主义新农村的风貌。曼景法傣族新村建成后获得了各界普遍的好评。

2. 香格里拉霞给藏族文化生态村规划与建设

霞给村位于香格里拉县城到碧塔海自然风景区的途中，具有良好的区位环境。村子的南北两面为高山，其中南边山体树林茂密，被当地村民奉为"神山"，山脚清澈的河水川流不息。整个村子视野开阔，自然景观独特优美、层次丰富，藏式民居建筑质朴自然、统一协调。村内现有一条主路，两端与过境道路相接，民居沿主路自由布局。现有居民 18 户，民居 26 栋，其中新建 6 栋，被收购的无人住房 4 栋，拟拆除 1 栋。

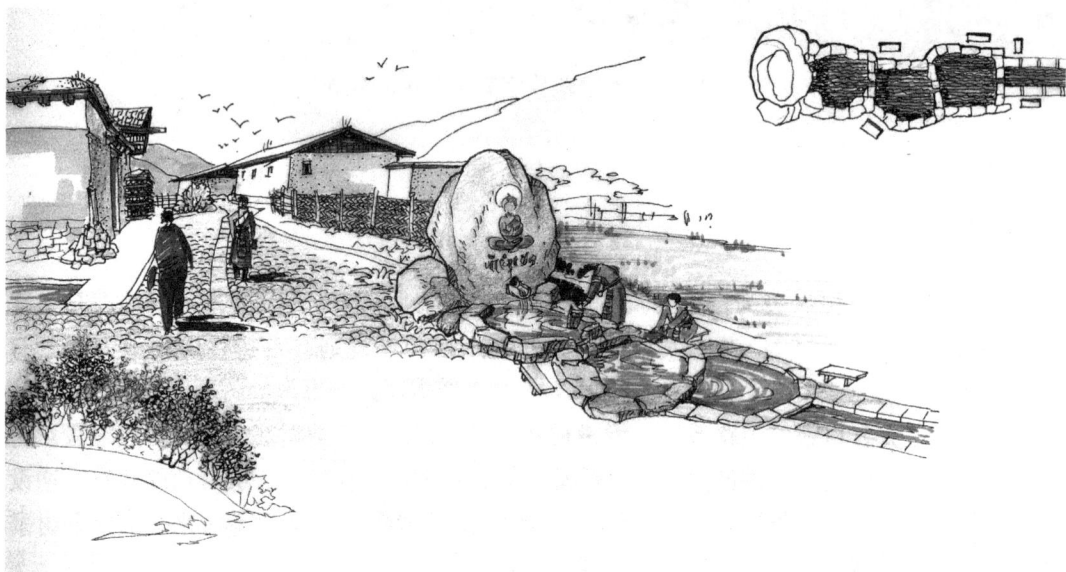

图 31-26　霞给村内民居现有风貌及环境景观小品的设置

图 31-27　霞给村建设实景

后 记

回首自己数十年的教学与研究，传统民居在不知不觉中成了我重要的且主要的研究领域。把过去零零星星的研究论文与相关文章凑拢一看，不仅看到了自己的研究历程，更见到了当代我国传统民居保护、传承、发展的艰辛，于是有了把它们汇编成集的想法。此事得到了陆元鼎教授的大力支持与鼓励，并承蒙他亲自为之作序，在此深表谢意。

在整个选编成集的过程中，我校的硕士研究生关丹丹一直帮助我做了大量的工作，没有她的努力，此集不知何时才能编成，特对她表示衷心的感谢！

该文集的编辑出版，中国建筑工业出版社吴宇江编审一直给予支持、帮助并出谋划策，特此致谢！

朱良文

2010 年 11 月 10 日